现代光学与光子学理论和进展丛书

丛书主编：李　林
　　　　　周立伟

时序（t>0）宇宙的起源：连接相对论、熵、通信和量子力学

Origin of Temporal (t > 0) Universe: Connecting with Relativity, Entropy, Communication, and Quantum Mechanics

［美］杨振寰（Francis T. S.Yu）著

梁忠诚 译

CRC Press
Taylor & Francis Group

北京理工大学出版社
BEIJING INSTITUTE OF TECHNOLOGY PRESS

图书在版编目（CIP）数据

时序（t>0）宇宙的起源：连接相对论、熵、通信和量子力学 /（美）杨振寰（Francis T. S. Yu）著；梁忠诚译. —北京：北京理工大学出版社，2021.3

（现代光学与光子学理论和进展丛书 / 李林，周立伟主编）

书名原文：Origin of Temporal (t > 0) Universe: Connecting with Relativity, Entropy, Communication, and Quantum Mechanics

ISBN 978-7-5682-9642-7

Ⅰ. ①时…　Ⅱ. ①杨…②梁…　Ⅲ. ①时序–宇宙学　Ⅳ. ①P19②P15

中国版本图书馆 CIP 数据核字（2021）第 050049 号

北京市版权局著作权合同登记号　图字：01–2020–5217 号

Origin of Temporal (t > 0) Universe: Connecting with Relativity, Entropy, Communication, and Quantum Mechanics
1st Edition / by Francis T. S. Yu / ISBN: 978-0-3674-1042-1

出版发行 / 北京理工大学出版社有限责任公司
社　　址 / 北京市海淀区中关村南大街 5 号
邮　　编 / 100081
电　　话 /（010）68914775（总编室）
（010）82562903（教材售后服务热线）
（010）68948351（其他图书服务热线）
网　　址 / http://www.bitpress.com.cn
经　　销 / 全国各地新华书店
印　　刷 / 三河市华骏印务包装有限公司
开　　本 / 710 毫米 × 1000 毫米　1/16
印　　张 / 9
字　　数 / 177 千字
版　　次 / 2021 年 3 月第 1 版　2021 年 3 月第 1 次印刷
定　　价 / 56.00 元

责任编辑 / 刘　派
文案编辑 / 李丁一
责任校对 / 周瑞红
责任印制 / 李志强

图书出现印装质量问题，请拨打售后服务热线，本社负责调换

前　言

在数学中，每个假设都首先需要证明解的存在；然后才去求解。然而，科学似乎没有数学那样的标准，我们并没有首先去证明一个假设的科学存在于我们的时序宇宙中。由于缺少这样的标准，假想科学出现了，就像每天发生的事情一样。本书中，我们展示了一个判断假想科学的标准——看它是否存在于我们的宇宙中。本书从爱因斯坦相对论出发，一直讲到时序宇宙的创造。我们已经证明了宇宙中的每个子空间都是由能量和时间创造的，子空间和时间是共存的。重要的是，任何科学都必须满足宇宙的边界条件：因果关系和维度。在时序宇宙之后，我们已经揭示了与热力学第二定律的深刻关系。本书还阐述了熵与科学之间的关系以及量子受限子空间的通信。然而，正是薛定谔猫悖论（爱因斯坦、玻尔、薛定谔和许多其他人自 1935 年以来一直在争论这个悖论）启发了我，因此得以发现薛定谔量子力学是一部无时的机器。我反驳了叠加的基本原理，它并不存在于我们的宇宙中。由于量子力学是一门虚拟的数学，我已经证明了时序量子机器原则上可以建立在时序空间框架内。

本书的本质是展示在我们的时序（$t>0$）宇宙中一切都有代价——能量和时间。科学的存在是为了发现和革新。例如，世界上最伟大的天体物理学家之一告诉我们，黑洞提供了一个连接其他宇宙的无形通道，这是荒谬的。或者如果有人提出有一个关于所有理论的理论，你会认真对待它吗？一位数学家在我们的宇宙中发现了一个 10 维子空间，难道你不奇怪地去寻找它是否存在于我们的宇宙中吗？毕竟我们生而为人，我们都是不完美和有局限性的。所有的科学定律和悖论都会被打破或修改，这就是科学。

最后，我要向阅读了本书并对本书提出宝贵意见的各位同事和朋友表达谢意，没有他们的鼓励和帮助，我无法写成此书。

Francis T.S.Yu

“科学借助于数学，但数学并不是科学。”

中文版序

本书的主题在于科学中的物理现实。究竟何为物理科学？物理科学必须是物理上真实的。科学家需要数学工具，而数学家并不需要关注物理。换言之，离开了数学物理则无法存在。然而，数学是虚拟的，从数学得到任何解析解除非能够在我们的生活空间（宇宙）中存在，否则只能是虚拟的。所有虚拟的、不含时间的基本定律、原理和理论都不能应用于我们的宇宙中。这也表明了，任何物质，无论它多么微小，只要是存在于我们的宇宙中，那么它就必须满足宇宙的边界条件——维度和因果关系（$t>0$）的约束，否则它就无法存在于我们的宇宙中！

由于科学最初都是在纸上进行推演和分析的，虽然许多可行的解诞生于此，但是也因此也出现了不受物理条件支持的虚解。这些虚解采用的定律、原理和理论是无时的或者不依赖于时间的。尽管这些无时的、不依赖于时间的定律、原理和理论是组成科学的基础，但是它们直接用在了我们的宇宙中。我们发现，其中一些原理和定律产生了非理性的、虚拟的解。本书中，我们证明了非理性解产生的原因是纸上推演的框架是无时的子空间。由于科学借助于数学，但并非数学过程有多严谨，而是物理可实现的框架决定了解在物理上可以实现。

虽然这本书源于对时序宇宙的探讨，但是我们发现整个理论物理学都是从一个无时的背景发展而来的（见附录B）。因此，理论物理学家现在有责任回归物理现实，否则我们将深陷于的无时的、虚拟的数学之中。

在图书出版之际，我谨向以下各位同仁表示衷心的感谢。首先，感谢南京邮电大学的梁忠诚教授抽出宝贵的时间翻译本书。感谢北京理工大学周立伟教授对北京理工大学出版社出版本书的一贯支持、鼓励和支持。感谢北京理工大学研究生院和光电学院对本书出版费用的支持，离开了他们的支持，本书将无法真正出版。最后，我衷心地感谢杭州电子科技大学许晨博士为我校对中文翻译稿。如果没有上述机构和个人的帮助，不可能有本书中文版的出版。

杨振寰

目 录

第1章

从相对论到时序（$t>0$）宇宙的发现

科学的一个重要特征必须是被证实的物理现实，这些现实是由物理的基本定律建立起来的，不能简单地被未经证实的虚拟现实所取代。在撰写这一章时，我们主要基于当前物理定律的约束来阐述神秘的时间是创造我们的物理空间（时序宇宙）的源头。物理现实和虚拟现实的区别在于：物理现实存在于时间规则之下，并得到科学规律的支持；而虚拟现实则不受时间规则限制，而且大多没有物理规律的支持。时序（$t>0$）空间的一个重要特征是，任何新兴的科学都必须证明存在于我们的时序宇宙中，否则它就像数学一样是虚构的。我们将证明我们的宇宙有一个满足解析的基本边界条件：维度和时序因果关系（$t>0$）。

1.1 引　言

科学中最有趣的变量之一就是时间。没有时间，就没有物质、空间和生命。换句话说，时间和物质必须共存。在本章中，从爱因斯坦相对论开始展示他著名的质能方程。在这个方程中，能量和质量是可以转换的。由于质量等同于能量，能量等同于质量，质量可以视为一个能量库。我们将证明任何物理空间都不能被嵌入在绝对空的空间中，也不能包含任何绝对空的子空间。绝对空的空间是一个没有时间的（无时的，$t=0$）空间。我们将证明每一个物理空间都必须充满物质（能量和质量），也将证明我们的宇宙是更复杂空间中的一个子空间。在这里我们看到，我们的宇宙可能是宇宙边界之外的众多宇宙之一。我们还将展示创建子空间需要时间，并且它无法换回已用于创建的时间。由于所有物理物质都随时间而存在，所有的子空间都是由时间和物质（能量和质量）创造的。这意味着我们的宇宙是由时间创造的，伴随着能量的大爆炸，每个子空间都与时间共存；没有时间，物质的创造就不会发生。可以看到，我们的宇宙处于一个时序（$t>0$）空间中，根据目前的观测，它仍然在膨胀。我们接受了宇宙大爆炸创生理论，它表明我们的宇宙还没有达到其生存期的1/2。我敢肯定我们并不孤单，总有一天我们可能会发现一颗行星，它曾经在以光年为周期的某个时间里庇护着一个文明。简言之，科学假设的任务是证明解在我们的时序宇宙中存在，否则这个解就只能是数学上的、并非真实的。

霍金教授是世界著名的天体物理学家、受人尊敬的宇宙科学家和天才，他于2018 年 3 月 14 日逝世。如你所见，我们的宇宙同样以宇宙大爆炸为起源，但是它不是霍金宇宙的子集。从本章中可以看到，时序宇宙的创造与霍金的创造有不同之处。其中一个区别是：我们的时序宇宙创造是从一个非空的子空间中开始的，而不是像霍金那样在一个绝对空的空间中开始。

1.2 爱因斯坦能量方程的相对性

爱因斯坦狭义相对论的本质是时间是一个相对于速度的相对量，即：

$$\Delta t' = \frac{\Delta t}{\sqrt{1 - v^2 / c^2}} \tag{1.1}$$

式中：$\Delta t'$ 为运动子空间的时间窗；Δt 为静止子空间的时间窗；v为运动子空间的速度；c 为光速。

相对于静止子空间的时间窗口 Δt，运动子空间的时间窗口 $\Delta t'$ 似乎随着运动子空间速度的增加而变宽。换句话说，运动子空间的速度改变了相对于静止子空间的相对论时间速度。例如，相对于静止子空间，运动子空间的相对论时间流逝速度变慢；子空间内的时间流逝速度是不变的或恒定的。换句话说，时间的流逝速度在子空间内是一样的，但是在不同的速度下子空间之间有差别。事实上，一个子空间内的时间流逝的速度（如 1 s、2 s、…）是由光速决定的，正如我们将看到的时序宇宙是如何被创造出来的。

爱因斯坦相对论方程同样可以用相对质量表示，即

$$m=\frac{m_0}{\sqrt{(1-\boldsymbol{v}^2/\boldsymbol{c}^2)}}=m_0(1-\boldsymbol{v}^2/\boldsymbol{c}^2)^{-1/2} \tag{1.2}$$

式中：m 为粒子的有效质量（或运动质量）；m_0 为粒子的静止质量；v 为运动粒子的速度；c 为光速。

粒子的有效质量（或运动质量）的增加与相对论时间的延长是一致的。

参照二项式展开式，式（1.2）可以写为

$$m=m_0\left(1+\frac{1}{2}\bullet\frac{v^2}{c^2}+terms\ of\ order\frac{v^4}{c^4}\right) \tag{1.3}$$

将式（1.3）乘以光速 c^2，并注意到 v^4/c^4 级的项小得可以忽略不计，式（1.3）可以近似为

$$m\approx m_0+\frac{1}{2}m_0v^2\frac{1}{c^2} \tag{1.4}$$

也可以写为

$$(m-m_0)c^2\approx\frac{1}{2}m_0v^2 \tag{1.5}$$

式（1.5）的意义在于：$m-m_0$ 代表由于运动而增加的质量（类似于动能）；m_0 为静止质量；（$m-m_0$）c^2 为运动产生的额外能量增益。

爱因斯坦假设，即使在静止时质量也一定有能量，这正是他所提出的质能方程，即

$$\varepsilon\approx mc^2 \tag{1.6}$$

式中，ε 为质量的总能量。

式（1.6）可以改写为

$$\varepsilon_0\approx m_0c^2 \tag{1.7}$$

并且表示该能量是静止质量的能量，其中 $v=0$，$m\approx m_0$。

我们看到，式（1.6）或等效等式（1.7）是众所周知的爱因斯坦质能方程。

1.3 时间和能量

科学规律中最神秘的变量之一是“时间”。那么时间是什么呢？时间是变量，而不是物质。它没有质量，没有能量，没有坐标，没有原点，不能被探测，甚至看不见。然而，时间是我们已知宇宙中永恒存在的变量。没有时间，就没有物质，没有物质空间，也就没有生命。事实上，包括我们的宇宙在内的任何物质都与时间有关。因此，当一个人在与科学打交道时，时间是最神秘的变量之一，它永远存在而不能被简单地忽略。严格地说，没有时间的存在，所有的科学定律和所有的物质都不可能存在。

另外，能量是一种物理量，它支配着包括整个宇宙在内的所有物质。换句话说，没有能量的存在，就没有物质，也就没有宇宙！根据目前的科学定律，所有的物质都是由能量创造的，而且任何物质也可以转换回能量。因此，能量和物质是可交换的，但是需要某些物理条件（如核反应和化学相互作用等）才能使转化过程发生。由于能量可以从质量中导出，质量相当于能量。因此，任何物质都可以看作是一个能量库。事实上，我们的宇宙充满了质量和能量。如果没有时间的存在，物质和能量之间的交换（或转换）就不会发生。

1.4 含时质能方程

现在从爱因斯坦质能方程开始，这个方程由他的狭义相对论导出：

$$\varepsilon \approx mc^2 \tag{1.8}$$

式中：m 为静止质量；c 为光速。

因为科学中所有的定律都是近似的，所以这里特意使用近似等于号（≈）。严格来说，质能方程应该更恰当地用不等式表示，即

$$\varepsilon < mc^2 \tag{1.9}$$

这意味着，实际上总能量应该小于或者至多接近静止质量 m 乘以光速的平方（c^2）。

根据爱因斯坦质能方程式（1.8），我们看到它是一个奇点近似的无时间方程（$t=0$）。换句话说，式（1.8）需要转换成时序（$t>0$）表示或时间相关方程，才能表示从质量到能量的转换。我们看到，如果没有时间变量，转换就不会发生。尽管如此，爱因斯坦质能方程代表了可以从静止质量转换而来的总能量。在这个方程中，质量都可以看作是能量的储存器。因此，通过加入时间变量，爱因斯坦质能方程可以由文献［2］给出的偏微分方程表示：

$$\frac{\partial \varepsilon(t)}{\partial t}=c^2\frac{\partial m(t)}{\partial t}，\ t>0 \tag{1.10}$$

式中：$\partial\varepsilon(t)/\partial t$ 为能量转换的增加速率；$\partial m(t)/\partial t$ 为相应的质量减少速率；c 为光速；$t>0$ 代表正向变化的时间变量。

我们看到它是一个时间相关方程，存在于时间 $t>0$ 时，这代表一个正向时间变量，仅在 $t=0$ 时的时间激励后出现。顺便说一句，这正是我们的宇宙所施加的、众所周知的因果关系约束（$t>0$）。

1.5　质量和能量的交换

式（1.10）的一个重要意义是能量和质量可以交换，其中来自质量的能量转换率可以用电磁辐射（EM）能量表示为

$$\frac{\partial \varepsilon}{\partial t}=c^2\frac{\partial m}{\partial t}=[\nabla\cdot S(v)]=-\frac{\partial}{\partial t}\left[\frac{1}{2}\varepsilon E^2(v)+\frac{1}{2}\mu H^2(v)\right]，\ t>0 \tag{1.11}$$

式中：ε 和 μ 分别为物理空间的介电常数和磁导率；v 为辐射频率变量；$E^2(v)$ 和 $H^2(v)$ 分别为电场和磁场强度；负号表示单位体积单位时间能量向外发散；$(\nabla\cdot)$ 为发散算子；S 为玻印廷矢量，也称为磁辐射能量矢量，$S(v)=E(v)\times H(v)$。

我们再次注意到，这是一个时间相关方程，加上 $t>0$ 表示因果关系约束。根据前面的公式，我们看到，当质量随时间减少时，辐射能量从物质发散出去。式（1.11）不仅仅是一个数学公式，它是一种象征性的表现，一种描述，一种语言，一幅图片，甚至一段视频。正如我们看到的那样：它已经从点奇异近似转变为三维表示，并且随着时间的推移而不断扩展。

式（1.11）的一个重要含义是，从质量到能量的交换发生在介质的介电常数 ε 和磁导率 μ 的非空物理子空间内，否则能量密度的发散速度将是无限的（无限大），因为这是一个用于显示宇宙是如何被创造的方程。重要的是要注意，通常假设我们的宇宙是从一个绝对空的空间中创造出来的。我们知道，空的和非空的空间不能共存。在这种情况下，我们的宇宙必然是在一个非空的子空间中创造，而不是像通常假设的那样在一个绝对的空间中。

同样，从能量到质量的转换也可以表示为

$$\frac{\partial m}{\partial t}=\frac{1}{c^2}\frac{\partial \varepsilon}{\partial t}=-\frac{1}{c^2}[\nabla\cdot S(v)]=\frac{1}{c^2}\frac{\partial}{\partial t}\left[\frac{1}{2}\varepsilon E^2(v)+\frac{1}{2}\mu H^2(v)\right]，\ t>0 \tag{1.12}$$

与式（1.11）相比，式（1.12）的主要区别在于能量收敛算符 $\nabla\cdot S$（v）。在这里我们看到，能量以电磁辐射的形式收敛到物质产生的小区域中，而不是从物质中发散。因为创造的质量与光速的平方 c^2 成反比，所以即使创造少量质量也需要大量

的能量。然而，考虑到宇宙环境，大量能量的获得从来都不是问题。

顺便提及，黑洞可以视为一种能量收敛算符，会聚力更依赖于黑洞的强引力场。黑洞仍然是一种我们知之甚少的有趣物质，它的引力场如此之强，以至于光线都无法逃脱。

在当前科学定律下，观察受光速的限制。如果光被黑洞完全吸收，那么黑洞绝不是一个无限的能量槽。尽管如此，每个黑洞实际上都可以看作是一个能量的会聚算符，很可能是由它来实现能量到质量的部分转换，但是这一切仍有待探索。

1.6 物理物质和子空间

在物理世界中，每一种物质，包含所有元素粒子、电、磁、引力场和能量在内，都是一种物理实质。原因是它们都是通过能量或质量创造的。物理空间（如我们的宇宙）中充斥着物质（质量和能量），在其中没有留下绝对空的子空间。事实上，所有的物理实质都随着时间而存在，没有任何物理实质能够独立于时间而存在，包括我们的宇宙在内。因此，没有时间就没有物质和宇宙。每一种物理实质都可以描述为一个物理空间，并且随着时间不断变化。事实上，每个物理实质本身都是一个时序空间（或物理子空间），这将在随后的章节中讨论。

从物理现实的角度来看，物质不可能脱离时间而存在。因此，如果没有时间，包括我们的宇宙中所有构件和宇宙本身在内的所有物质都不可能存在。另外，没有物质的存在，时间就不可能存在。因此，时间和物质必须相互共存或包容。换句话说，物质和时间必须同时存在（也就是说，两者缺一不可）。尽管如此，如果我们的宇宙必须随着时间而存在，那么我们的宇宙最终将变老并死亡。所以，时间的各个方面不会像我们知道的那么简单。例如，对于生活在遥远的星系中的物种来说，它们的速度越来越接近光速，它们的时间相对于我们的要慢一些。因此，时间的相对论特性在我们的宇宙的不同子空间（比如在我们宇宙的边缘）可能不一样。

由于物质（质量）是由能量产生的，能量和时间必须同时存在。众所周知，没有时间的参与，每一次从质量到能量或从能量到质量的转换都无法开始。因此，时间和物质（能量和质量）必须同时存在。我们看到，所有的物理实质，包括我们的宇宙和我们自身在内，都与时间共存（可以视为时间的函数）。

1.7 绝对空子空间和物理子空间

我们定义下列的不同子空间，在后面的章节中我们将会用到它们。

一个绝对空的空间（absolute empty space）没有时间，没有物质，没有坐标，没有事件的有界或无界。它是一个虚拟的无时空间（$t=0$），在实际中并不存在。

物理空间（physical space）是一个由空间坐标描述的空间，存在于现实中，被物质所紧密填充，由科学的现行定律和时间法则所支持（时间只能向前移动，不能向后移动：$t>0$）。物理空间和绝对空间是互斥的。一个物理空间不能包含于一个绝对空间中，它也不能有绝对的空白子空间。换句话说，物理空间是一个时序空间，其中时间是正向变量（$t>0$）；而绝对空的空间是一个没有时间的空间（$t=0$），其中没有任何东西。

时序空间（temporal space）是由科学定律和时间规则（$t>0$）支持的时变物理空间。事实上，所有物理空间都是时序空间。

空域空间（spatial space）是由维度坐标描述的空间，可能不受科学定律和时间规则的支持（如数学虚拟空间）。

虚拟空间（virtual space）是一个虚构的空间，通常不受科学规律和时间规则的支持。只有数学家才能做到这一点。

正如我们已经注意到的，在物理现实中不能存在绝对空白的空间。因为每一个物理空间都需要被物质完全填充，而在其内部没有留下绝对空的子空间，每一个物理空间都是由物质创造的。例如，我们的宇宙是一个由质量和能量（物质）创造的巨大物理空间，其中没有空的子空间。然而，在物质现实中，所有的质量（和能量）都是随着时间的存在而存在的。没有时间的存在，就没有质量，没有能量，也就没有宇宙。因此，我们看到每一种物质都与时间共存的。事实上，包括我们和我们的宇宙在内的每个物理空间都是一个时序子空间。

因为一个物理空间不能包含于绝对空的空间中，也不能包含任何绝对的空白子空间，所以我们的宇宙必然是包含于一个更复杂的物理空间中。如果接受我们的宇宙处于一个更复杂的空间中，那么我们的宇宙一定是一个有界的子空间。

那么时间呢？因为我们的宇宙包含于一个更复杂的空间中，这个复杂的空间可能与我们有着相同的时间规则（$t>0$）。包含我们宇宙的复杂空间虽然可能与我们的宇宙没有相同的科学规律，但是我推测它有相同的时间规律，否则我们的宇宙将没有边界。然而，我们的宇宙是否有边界并不是我当前的主要兴趣点，因为在我们进入下一个复杂的空间层次之前，首先需要对当前的宇宙有更深的理解。我们的目标是，在当前的科学规律范围内，研究时间的本质，因为它是我们宇宙的神秘起源。

1.8 时间和物理空间

时间的存在估计是我们生活中最有趣的问题。到目前为止，我们不知时间从何而来，它只能前进，不能后退，甚至不能静止（$t=0$）。虽然根据爱因斯坦狭义相对论，时间可能会相对慢一些。到目前为止，时间不能反向流动，也不能静止不动。事实上，时间在我们的子空间中以恒定的速度流动，它不能流动得更快或更慢。我们强调，时间在宇宙中靠近我们宇宙边界的子空间中以相同的速度流动，但不同的是相对论时间。既然时间是存在的，那么怎么知道物理空间的存在呢？答案是：时间和物理空间之间有着深刻的联系。换句话说，如果没有时间，就没有物理空间。与虚拟空间相比，物理空间实际上是时序空间。时序空间可以用时间来描述，而虚拟空间是一个没有时间限制的虚拟空间。同时，时序空间受科学规律的支持，而虚拟空间不受科学规律的支持。

电视视频图像是用时间换取空间的典型例子。例如，电视显示的每个像素（dx，dy）都需要一定的时间来显示。因为时间是一个正向流动的变量，所以不能以牺牲显示的图像（dx，dy）为代价换取时间。换句话说，是时间决定了物理空间，而物理空间不能换回已经花费的时间。空间的大小（或尺寸）决定了创建空间（dx，dy）所需的时间。其中，时序空间内的时间就是距离，距离就是时间。在目前科学的限制下，光速是极限。因为每个物理空间都是由物质创造的，所以物理空间必须借助光速来描述。换句话说，物理空间的尺寸是由光速决定的，并且其中空间充满了物质（质量和能量）。这也是时间流逝的速度（如 1 s、2 s、…）由光速决定的原因。

另一个问题是光速为什么有限。光速有限是因为我们的宇宙是一个巨大的物理空间，充满了导致电磁波传播时间延迟的物质。然而，即使有物理实质以超过光速的速度运动（这还有待发现），它们的速度也会受到限制，这是因为物理空间充满了物理实质，并且是一个时序空间。进一步指出，当且仅当空间是绝对空的（$t=0$）空间时，由于距离是时间（$d=ct$，$t=0$），物质才可以在空间中无时间延迟地传播。然而，绝对的空的空间在现实中不可能存在，因为每个物理空间（包括我们的宇宙）都必须充满物质（能量和质量），没有空白子空间留在其中。因为每个物理空间都是时序性的，在这种情况下，我们看到无时空间和时序空间是互斥的。

1.9 电磁和物理定律

严格地说，所有的物理定律都是在电磁科学的体系内演化而来的。此外，所有物理实质都是基于电磁科学的一部分，并且地球上所有的生物物种基本上都依赖于太阳提供的能源。到达地球表面约78%的阳光集中在可见光谱的窄带内。相应地，地球上所有的生物物种都在进化，而人类进化出了一双眼睛（光学天线）来帮助我们生存。这种窄波段的可见光让我们得以发现自然界中更宽波段的电磁光谱分布。这也是让我们发现所有属于电磁物理学的物理实质的主要推动力。原则上，所有物理实质都可以通过电磁相互作用进行观察或检测，而光速就是当前的极限。

我们面临着另一个问题：光速为什么是有限的。一个简单的答案是，我们的宇宙充满了限制光速的物质。电磁波的能量速度由下式给出：

$$v=\frac{1}{\sqrt{\mu\varepsilon}} \tag{1.13}$$

式中：μ，ε分别为介质的磁导率和介电常数。

光速可表示为

$$c=\frac{1}{\sqrt{\mu_0\varepsilon_0}} \tag{1.14}$$

式中，μ_0，ε_0分别为真空中的磁导率和介电常数。

鉴于式（1.13），很显然，由于距离是时间（$d=ct$，$t=0$），在空白子空间（无时空间）中的电磁波速度（光速）是瞬时的（或无限大的）。

“一图值千词”是一个简单的例子，表明电磁观测是信息传输中最有效的方法之一。然而，除非出现新的科学定律，否则最终的物理限制也是由电磁领域的限制所施加的。爱因斯坦质能方程的本质表明，质量和能量是可以交换的。从爱因斯坦质能方程来看，能量和质量是等价的，能量是电磁辐射的一种形式。进一步注意到，我们宇宙中的所有物理实质都是由能量和质量创造的，其中包括暗能量和暗物质。虽然使用电磁相互作用可能无法直接观察到暗物质，我们可以间接地检测到它们的存在，因为它们本质上是基于能量的物质（基于电磁的科学）。有趣的是，我们的宇宙中72%是暗能量，23%是暗物质，剩下5%是其他物理实质。虽然暗物质贡献了我们宇宙的23%，但它代表了共计23%的引力场。参考爱因斯坦质能方程式（1.8），暗能量和暗物质主宰了整个宇宙能量储量，远远超过95%。此外，如果我们接受宇宙大爆炸理论是我们宇宙的起源的观点，那么宇宙创生就可以从爱因斯坦与时间相关的能量方程式（1.11）开始，则：

$$\frac{\partial\varepsilon}{\partial t}=c^2\frac{\partial M}{\partial t}=[\nabla\cdot S(v)]=-\frac{\partial}{\partial t}\left[\frac{1}{2}\varepsilon E^2(v)+\frac{1}{2}\mu H^2(v)\right],\ t>0 \tag{1.15}$$

式中，$[\nabla\cdot S(v)]$代表发散能量算符。

在式（1.15）中，我们看到宽光谱带的强烈辐射能量以光速从致密物质中向外发散（爆炸），其中物质表现为巨大的能量储存体。很明显，这种创造是由时间点燃的，爆炸的碎片（物质和能量）开始向四面八方扩散，就像膨胀的气球一样。宇宙的边界（球体的半径）随着产生的碎片的扩散以光速膨胀。经过约 150 亿年才呈现出星座的当前状态，在这个状态下，宇宙边界仍然以超出当前观测范围的光速扩展。

参考一份最近的哈勃太空望远镜的使用报告，可以看到离我们约 150 亿光年远的星系。这意味着创造过程还没有停止。与此同时，宇宙可能已经开始自行地逆创造，这源于宇宙大爆炸发生后所有新创造的物质碎片（如星系和暗物质）产生的强烈汇聚引力。最后，我们要强调式（1.15）通过从空间无量纲方程到时空函数（$\nabla\cdot S$）的转换获得了可行性：它描述了我们的宇宙是如何在宇宙大爆炸中被创造出来的。此外，式（1.15）的本质不仅仅是一个数学公式，从它的表现中可以看到它是一种象征性的表现，一种描述，一种语言，一幅图片，甚至一段视频。可以想象，我们的宇宙是如何被创造出来的——从爱因斯坦相对论到爱因斯坦质能方程，再到时空创造。

式（1.15）另一个需要强调的重要方面是：由于辐射能密度的速度（这个方程中的最后一项）受到光速的限制，所以创造并不是从绝对空的空间开始的。与通常认为宇宙大爆炸是从一个空白空间开始的假设相反。因为空白空间和非空的空间是互斥的，所以正如我们在这个等式中所显示的，宇宙大爆炸必须从非空的空间开始。还要进一步指出，只有数学家和理论物理学家才能在一个空白空间里进行物理大爆炸，因为理论物理是一种数学。如果允许一个虚拟的宇宙大爆炸在一个空白空间中发生，那么大爆炸能量密度（电磁波）的传播将是无限的，这样一来我们的宇宙将不是一个有界的子宇宙。这是时序宇宙创造与其他宇宙创造相比的几个区别之一，下面将进行描述。

1.10 时间和子空间交换

下面，让我们来看物理子空间和时间之间最简单的联系之一：

$$d=vt \tag{1.16}$$

式中：d 为距离；v 为速度；t 为时间变量。

请注意，这个等式可能是时间和物理空间（或时序空间）之间最深刻的联系之一。因此，三维（欧几里得）物理（或时序）子空间可以描述为

$$(\mathrm{d}x, \mathrm{d}y, \mathrm{d}z)=(v_x, v_y, v_z)t \tag{1.17}$$

式中：(v_x, v_y, v_z)为速度矢量；t 为时间变量。

根据目前的科学定律，光速是极限。如果，用光速 c 替换速度矢量，时序空间可以写为

$$(\mathrm{d}x, \mathrm{d}y, \mathrm{d}z)=(ct, ct, ct) \tag{1.18}$$

因此，我们看到时间可以用来换取空间，而空间不能用来交换时间，因为时间是一个正向变量。换句话说，一旦一段时间 t 被消耗掉，我们就不能把它拿回来。显然，球形时序空间可以描述为

$$r=ct \tag{1.19}$$

式中，半径 r 以光速增加。

因此，我们看到宇宙的边界（边缘）由半径 r 决定，而半径 r 受光速的限制，如图 1.1 所示的复合时空图。我们看到，我们的宇宙正在以光速膨胀，其范围远超目前能够观测到的最远星系。图 1.2 显示了一个离散的时空图，其中宇宙的大小随着时间的推移（$t>0$）而不断扩大。如果我们已经接受了宇宙大爆炸的创造观点，那么在未来的某个时候（几十亿光年之后），我们的宇宙最终将停止膨胀，然后开始收缩，为下一轮宇宙大爆炸做准备。宇宙收缩的力量主要是强烈的引力场，而引力场主要来自巨大的黑洞和物质，这些物质来自与较小的黑洞和其他碎片（物理物质）的合并（或吞噬）。黑洞的引力场如此强烈，甚至光也无法逃脱。然而，黑洞绝不是一个无限的储能器。最终，黑洞的存储容量将达到爆炸极限，然后开始由质量转化为能量和碎片的产生的过程。

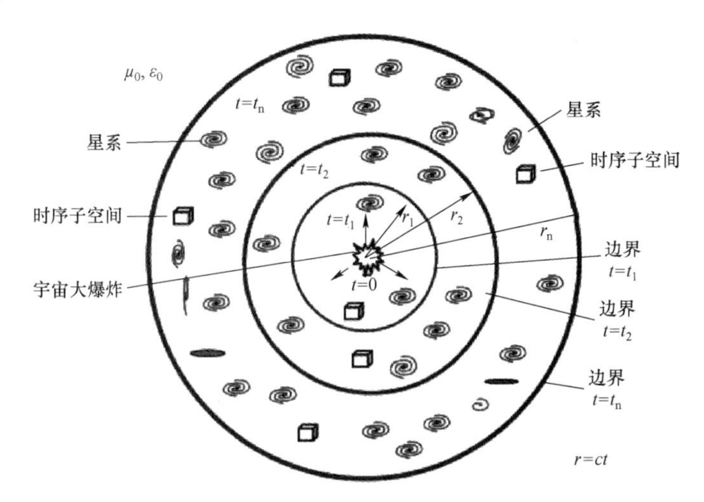

图 1.1　时空宇宙合成图

$r=ct$，r 为宇宙的半径；t 为时间；c 为光速；ε_0 和 μ_0 分别为空间的介电常数和磁导率

换句话说，在不断收缩的宇宙中将会有一个占主导地位的巨大黑洞，来启动下一个宇宙创生的周期。因此，每一个黑洞都可以视为一个汇聚的储能器，依靠其强大的引力场来收集所有物质和能量的碎片。关于宇宙大爆炸的创造，巨大的能量爆炸是宇宙创造的主要原因。事实上，可以很容易地看出，自从我们的宇宙诞生以来，

图 1.2 离散时序宇宙图

t 为时间

创造过程从未减缓。因为我们看到，即使在今天，我们的宇宙仍在继续膨胀。这表明所有产生的碎片不都来自宇宙大爆炸的能量（如 mc^2），可能有一部分来自前一个宇宙的残余碎片。因此，我们宇宙中的总能量不能仅限于来自宇宙大爆炸创造的能量。事实上，自宇宙诞生以来，质量和能量之间的转换过程从未完全消失过，但是它们的规模要小得多。事实上，就在创生后，我们的宇宙由于被创造物质产生的引力开始减缓发散的过程。换句话说，宇宙最终会达到这样一个点，即总的发散力将小于会聚力，会聚力主要是由包括黑洞在内的新创造的物质产生的引力场造成的。正如之前我们提到的，我们的宇宙目前有约 23%的暗物质，这代表了当前宇宙中约 23%的引力场。强烈的局部引力场可能是由一个群或一个巨型黑洞产生的，这个黑洞是由与一些较小的黑洞、附近的暗物质和碎片融合（或吞噬）而产生的。因为一个巨型黑洞不是一个无限的储能器，最终它会在下一轮宇宙大创造爆炸中创造。几乎可以肯定，下一次宇宙大爆炸的中心不会和我们宇宙的中心相同。可以很容易地看出，我们的宇宙永远不会像通常推测的那样缩小到几英寸[①]。然而，它会不断缩小直到其中一个巨型黑洞（如吞噬了足够多的物理碎片）达到宇宙大爆炸的状态，释放出巨大的能量以进行下一轮宇宙创生。关于宇宙可能坍塌的推测仍有待观察。尽管如此，我们发现我们的宇宙仍在膨胀，正如距离我们约 150 亿光年的宇宙边缘处的遥远星系的多普勒频移所观察到的。因此，我们的宇宙还没有达到它的生命周期的 1/2。事实上，自宇宙诞生以来，膨胀从未停止过，从宇宙大爆炸开始以来，我们的宇宙也开始收缩，这主要是由于新产生的碎片（如星系、黑洞和暗物质）汇

① 1 英寸=2.54 厘米。

聚的引力。

1.11　相对论时间和时序（$t>0$）空间

基于爱因斯坦狭义相对论，广阔宇宙空间中不同子空间的相对论时间可能会发生变化。让我们从相对论时间膨胀开始，即：

$$\Delta t' = \frac{\Delta t}{\sqrt{1-v^2/c^2}} \tag{1.20}$$

式中：$\Delta t'$为相对于静止子空间的相对论时间窗口；Δt 为静止子空间的时间窗口；v 为运动子空间的速度；c 为光速。

相对于静止子空间 t 的时间窗口，运动子空间的时间膨胀 $\Delta t'$随着速度的增加而变宽。例如，1 s 的时间窗口 Δt 相当于 10 s 的相对时间窗口 $\Delta t'$。这意味着，运动子空间内的 1 s 时间消耗相当于静止子空间内约 10 s 的时间消耗。因此，对于生活在接近光速的环境中的物种（如在宇宙的边缘），它们的时间似乎比我们的时间慢，如图 1.3 所示。在这幅图中，我们看到一位老人以接近光速的速度运动，当他看着我们时，他的相对观察时间窗口似乎更宽，他的子空间中的科学定律可能与我们的不一样。

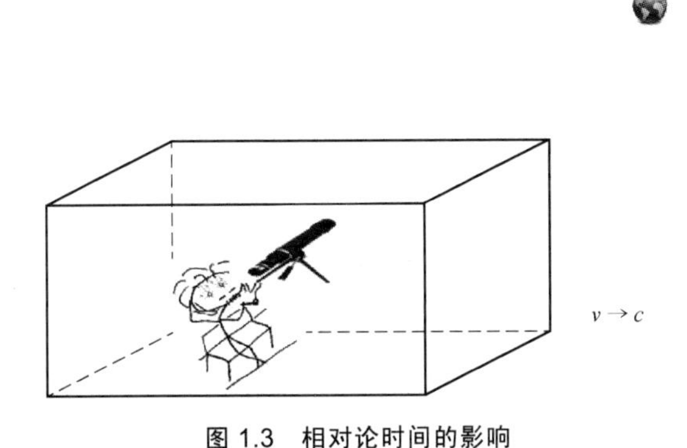

图 1.3　相对论时间的影响

现代物理学中两个最重要的支柱是爱因斯坦相对论和薛定谔量子力学。一个是处理宏观物体（如宇宙），另一个是处理微观粒子（如原子）。然而，借助海森堡不确定性原理，它们之间建立起深刻的联系。鉴于不确定性关系，我们看到每个时序子空间需要一段时间 Δt 和一定量的能量 ΔE 来创建。因为我们不能从零开始创造东西，所以一切都需要大量的能量和一段时间才能实现。通过参考海森堡不确定性原理，有

$$\Delta E \cdot \Delta t \geqslant h \tag{1.21}$$

式中，h 为普朗克常量。

我们看到每个子空间都受到 ΔE 和 Δt 的限制。换句话说，决定边界条件的是 h 区域的大小而非形状。例如，形状可以是细长的或矮胖的，只要它大于 h 区域的大小。

顺便提一下，式（1.21）的不确定性关系也是丹尼斯·加波林 1950 年指出的可靠比特信息传输的极限。尽管如此，与爱因斯坦狭义相对论的联系是，在我们的宇宙边缘附近创建一个子空间，相对于我们的地球来说，需要较短的相对时间——因为相对于静止子空间，运动子空间内的“相对论性”不确定性关系可以表示为

$$\Delta E \cdot \Delta t' \left[1-(v/c)^2\right]^{1/2} \geqslant h \tag{1.22}$$

我们看到能量是守恒的。因此，相对于静止子空间，可以实现更窄的时间宽度。人们完全可以利用这一点进行时域数字通信，如从地面站到卫星的信息传输。

另外，如从卫星到地面站的信息传输，我们可能想要使用数字带宽（$\Delta\nu$）。与时域相比，这是一种目前还没有开发出来的频域信息传输策略。其中，静止子空间内相对于运动子空间的“相对论性”不确定性关系可以写为

$$\frac{\Delta E \cdot \Delta t}{\sqrt{1-\left(\frac{v}{c}\right)^2}} \geqslant h \tag{1.23}$$

或者

$$\frac{\Delta \nu \cdot \Delta t}{\sqrt{1-\left(\frac{v}{c}\right)^2}} \geqslant 1 \tag{1.24}$$

其中，较窄的带宽原则上可以用于频域通信。

1.12 时间和物理空间

每个物理（或时序）子空间都是由物质（能量和质量）创造的，物质与时间共存。在这种背景下，我们看到我们的宇宙本质上是由时间和能量创造的，宇宙随着时间不断进化（变化）。虽然相对论时间在我们的宇宙中的不同子空间可能不一样，但是时间法则很可能是保持不变的。对于生活在更接近光速的物种来说，相对论时间可能对他们来说并不明显，但是他们子空间中的科学定律可能与我们的科学定律不同。尽管如此，我们的宇宙是由时间和巨大能量的宇宙大爆炸同时创造的。因为我们的宇宙不能包含在空白的空间中，它必然处于一个更复杂的有待发现的空间里。从广义上，质量就是能量，或者能量就是质量，这是爱因斯坦在约一个世纪前发现的。这就是我们用来研究时间起源的物理学基本定律。伴随着巨大能量的宇

宙大爆炸（宇宙大爆炸理论），时间是我们宇宙创造的点火器。众所周知，没有时间的存在，我们宇宙的创造就不会发生。正如已经表明的，时间可以用来换取空间，但是空间不能用来换回时间。我们的宇宙实际上是一个时序物理子空间，它随着时间不断进化或变化（$t>0$）。虽然每个时序子空间都是由时间（和物质）创造的，但是我们不可能用任何时序子空间来换取时间。因为每种物质都有生命周期，所以我们的宇宙（一种巨大的物质）不能被排除在外。参考哈勃太空望远镜最近的观测报告，能够观察到约 150 亿光年以外的星系，并且已经了解到我们的宇宙膨胀速度仍然没有减缓。换句话说，根据我们的估计，我们的宇宙还没有达到它的生命周期的 1/2。正如我们所展示的，时间开启了我们宇宙的创造，然而被创造的物理实质向我们呈现了时间的存在。

1.13　时序（$t>0$）宇宙的本质

鉴于前面的讨论，我们看到，我们的宇宙是一个随时间变化的系统（从系统论的观点来看），不同于一个空白空间，后者不是一个随时间变化的系统、是一个无时的空间。为此，我们认为无时的解决方案不能直接在我们的宇宙中实现。由于科学是一个近似定律，数学是绝对确定性的公理，用精确数学评价不精确的科学不能保证它的解存在于我们的时序宇宙（$t>0$）中。时序宇宙的一个重要性质是，人们不可能从凭空有所获得，总有代价要付出：任何一块时序子空间（或每一比特信息）都需要一定量的能量 E 和一段时间 t 创建。子空间（$f(x, y, z; t)$，$t>0$）是一个正向时变函数。换句话说，时间和子空间是共存或相互包容的。这是我们的时序宇宙的边界条件和约束（$f(x, y, z; t)$，$t>0$），其中我们的宇宙中的每一个存在都必须符合这个条件。否则它就不存在于我们的宇宙中，除非新的规律出现，因为所有的规律都会被打破。因此，我们看到任何新兴的科学都必须通过反复试验证明存在于我们的时序宇宙中（$f(x, y, z; t)$，$t>0$），否则它就是一门虚拟的科学。

在数学方面，我们看到推导的任务首先是证明存在解决方案，然后才能寻找解决方案。但是在科学方面，我们几乎没有考虑到这一点。在科学中需要证明一个科学假设存在于我们的时序宇宙中（$f(x, y, z; t)$，$t>0$），否则它就是数学那样不真实或虚拟的。例如，量子力学中的叠加原理，我们证明了它不存在于我们的时序宇宙中（$t>0$），因为薛定谔量子力学和数学一样是无时的。

然而，还有一个额外的制约因素是我们的承受能力。正如我们已经表明的，我们的宇宙中存在的一切（如任何物理子空间）都有一个用能量和时间（ΔE，Δt）表示的价码。准确地说，价码还包括一定量的“智能”信息 ΔI 或等量的熵 ΔS（ΔE，

Δt，ΔI）。例如，创建一片简单的纸巾需要大量的能量 ΔE、一段时间 Δt 和大量的信息 ΔI（等量的熵 ΔS）才行。我们注意到，在地球上只有人类才能做到这一点。因此，我们宇宙中的每个物理子空间（或等同的物质）都有一个价码（ΔE，Δt，ΔI），问题是我们能负担得起吗？

时间流逝的速度为何是可变的呢？这一点十分有趣。由于时间与物质（我们的时序子空间）共存，时间的速度由光速决定，我们的时序宇宙也随之产生，这可以从爱因斯坦能量方程的微分形式（式（1.10））看出。

此外，现代物理学中两个最重要的支柱是爱因斯坦相对论和薛定谔量子力学。一个是处理宏观物体（如宇宙），另一个是处理微观粒子（如原子）。然而，借助海森堡不确定性原理，它们之间建立起深刻的联系。鉴于不确定性关系，每个时序子空间需要一段时间 Δt 和一定量的能量 ΔE 创建。因为我们不能凭空创造世界，所以一切都需要大量的能量 ΔE 和一段时间 Δt 才能实现。我们的问题是。创建单位量子有限子空间（Quantum Limited Subspace，QLS）需要多少能量和时间？通过参考海森堡测不准极限：

$$\Delta E \cdot \Delta t = h \tag{1.25}$$

式中：h 为普朗克常量。

我们看到每个 QLS 都受到 ΔE 和 Δt 的限制，其中，h 区域限制了 ΔE 和 Δt 之间的交换。由于每个时序子空间都可以由光速确定，QLS 的大小可以由其式 $r=c\cdot\Delta\upsilon$确定，其中 $\Delta\upsilon$为量子态带宽，如图 1.4 所示。

图 1.4　量子有限子空间

$r=c\cdot\Delta\upsilon$为子空间的半径，c 为光速；$\Delta t=1/\Delta\upsilon$为量子态带宽

QLS 的大小与 Δt 成比例。因为每个时序子空间都是由 ΔE 和 Δt 创建的，并且 $\Delta E=\Delta m\cdot c^2$，QLS 的半径可以表示为

$$r=c\cdot h/\Delta E=c/\Delta\upsilon \tag{1.26}$$

式中，$\Delta E=h\Delta\upsilon$为粒子的量子态能量。

由于光速 c=3×10⁸ m/s，QLS 的大小可能非常大。注意，在 QLS 内部可以利用复振幅传输信息，那里的通信空间还没有被充分利用。

1.14　我们宇宙的边界条件

为我们的时序宇宙建立一个基本的边界条件非常重要。任何科学解决方案都要遵守这个条件，否则，这个解决方案可能会让我们找到不存在于时序宇宙中的虚拟科学。鉴于我们宇宙的创造，任何新兴科学的基本边界条件都必须符合我们时序宇宙的维度和时序因果关系条件。换句话说，每个子空间（科学）必须是有维度的、有时序的，并且符合因果关系约束（即 $t>0$）。否则，子空间（解）是一个不存在于我们的时序宇宙中的虚拟子空间。例如，我们宇宙中的时间速度是由光速决定的，我们的宇宙是由光速创造的。即使比我们宇宙的时间速度慢或快几分之一秒，子空间（解）也不能存在于我们的宇宙中。任何分析解都必须是维度的、时序的和因果的，这将保证解存在于我们的时序宇宙的边界条件中。正如所看到的，在没有施加这一基本边界条件的情况下，虚拟科学已经在我们的科学领域出现。例如，自 1935 年以来的薛定谔猫悖论。同样，薛定谔叠加原理所承诺的“瞬时和同时”多量子态现象实际上并不存在于我们的宇宙中。薛定谔猫悖论自 1935 年在哥本哈根论坛上提出以来，已经被爱因斯坦、玻尔、薛定谔和许多世界著名物理学家争论了 85 年，并且争论仍在继续。如果我们当时有了基本的边界条件，那么就不会产生大量叠加原理所承诺的虚拟科学。

数学的一个重要特征是符号表示，复杂的科学结果可以借助符号简洁地表示。出于这个原因，所有的科学定律都是点奇异近似的。但是这种科学表述方法决不能在我们的时序（$t>0$）宇宙中使用。例如，以著名的爱因斯坦能量方程为例：

$$\varepsilon \approx mc^2 \tag{1.27}$$

这是一个点奇异近似公式：没有维度，没有坐标，没有时间。事实上，这是一个无时的（$t=0$）方程。如果把这个方程当作解析解，我们首先看到这个方程不是一个时序方程，它不能直接用在我们的时序宇宙中。为了符合时序因果关系条件，可以首先将方程转换成时域偏微分形式，然后对其施加 $t>0$ 的约束，即：

$$\frac{\partial \varepsilon(t)}{\partial t} = c^2 \frac{\partial m(t)}{\partial t} \tag{1.28}$$

式（1.28）已经转化为一个时间相关的方程，也称为时间方程。它满足了我们的时序（即 $t>0$）宇宙的因果约束，可以在我们的宇宙中使用。这个例子将帮助我们理解在我们的宇宙中解析解的直接实现，首先它必须符合时序因果关系约束。其中我们看到分析科学借助于数学，但是数学并不“必然”等同于科学。时序因果关系条件是必要的。

1.15　时间是离散变量还是连续变量？

时间是离散变量还是连续变量，这是一个很有意思的问题。为了回答这个问题，本节将阐述时间实际上是连续并且依赖于空间的变量。这是由于我们的时序宇宙从爱因斯坦的质能方程而来，这里已经展示了时间就是子空间、子空间就是时间。

人们普遍认为时间是一种离散的、类似于颗粒的变量，这个观念很大程度上来源于粒子物理学家的有限微粒观点。例如，在粒子物理学领域，我们认为宇宙中的所有物质和实质均是由基本粒子（不管它有多小）构成的，于是认为我们的宇宙也必然是粒子性的、离散的。由于时间是依赖于它所在的子空间的变量，故很合理地认为时间也是粒子性的、离散的。

然而，我们知道物理粒子无法存在于空的空间之中，无论粒子有多小，它都必须处于非空的时序空间之中，所以时间不可能是离散的变量。考虑到这个物理上的证据，传统科学的观点再一次在我们的时序宇宙中显示出不可理解之处，我们不应当把粒子物理学视为宇宙中微观空间的最终解答。但是要弄明白暗物质、暗能量、介质的介电常数 ε 和磁导率 μ 实质等这些探测不到的、在宇宙中存储着引力场的实质究竟在哪里，还需要更高层次的科学抽象。

我们接受了物理微粒无法存在于无时的空的空间中，这告诉我们在这些微粒之间必然存在着某些实质，它们永久存在于我们的宇宙中。这些实质没有如同微粒一样的可操纵的形式，而是充满了我们的宇宙内部和外部的所有空间和间隙。这些实质中的一种是当前无法探测的介电常数（ε）和磁导率（μ）介质，我们已经知道它遍布于宇宙之中。否则，电磁波无法在广阔的宇宙空间中传播。同时这种介质的存在超越了宇宙的界限，否则电磁波无法在我们的宇宙空间和宇宙边界外进行传播。我们再一次注意到,我们的宇宙不可能像粒子科学家认为的那样是粒子性的子空间。即使是在微粒的空间环境中，时间也只能是平滑和连续的变量。从我们对时间的分析来看，在我们的宇宙中实际上存在着一种可渗透的介质或无粒子的物质，这一点有待去发现!

由于光速取决于介质的介电常数（ε）和磁导率（μ）介质，原则上我们有可能人工研制出介电常数和磁导率比真空还小的介质（$\varepsilon<1$，$\mu<1$），这样光速就能突破目前的极限。当然，这样的介质还有待去研制。

1.16 我们并不孤单

在我们的宇宙中，我们很容易地估计在过去的 150 亿年里出现过也消失过数十亿个文明。我们的文明是目前宇宙中数十亿后果之一，它最终会消失。我们在这里，并将在这里获得片刻的停留。希望能在人类消失前发现远远超出光极限运动的物质，这样就能建造更好的观测仪器。如果我们把新仪器指向正确的地方，我们可能会超越光的极限观察宇宙的边缘。我几乎肯定我们不是孤单的。通过使用新的观测设备，可能会发现一颗行星，它曾经庇护了一个文明达几千年之久。

结　语

我们已经证明时间是宇宙中最有趣的变量之一。没有时间，就没有物质、空间和生命。根据爱因斯坦能量方程，已经表明能量和质量是可以交换的。换句话说，质量等同于能量，能量等同于质量，对于物质来说，所有的物质都可以视为能量储存器。我们还表明，物理空间不能置入绝对的空白空间或无时的（$t=0$）空间，它甚至不能包含任何绝对的空白子空间。事实上，每个物理空间都必须充满物理实质（能量和质量）。由于没有物理空间可以包含于绝对空的空间，我们有理由假设我们的宇宙是一个尚未发现的更复杂空间中的子空间。换句话说，我们的宇宙可能是我们宇宙边界之外的众多宇宙之一，像泡沫一样来来去去。我们也已经表明，创造一个物理空间需要时间，而且它不能换回已经用于创造的时间。因为所有的物理实质都随时间而存在，所以所有的物理空间都是由时间和物质（能量和质量）创造的。这意味着，我们的宇宙是由时间和巨大的能量爆炸创造的，在宇宙大爆炸中我们看到每种物质都与时间共存。也就是说，没有时间，物质的创造就不会发生。我们进一步注意到，我们的宇宙是在一个时序空间，根据目前的观察，它仍在膨胀。由于我们已经接受了宇宙大爆炸的创造的观点，表明我们的宇宙还没有达到它的生命周期的 1/2。注意，可以肯定的是我们并不孤单。总有一天，我们可能会发现另一个星球，它曾经庇护了一个文明的几亿光年。我们进一步表明：科学假设的任务是证明解存在于时序（$f(x, y, z; t)$，$t>0$）宇宙中，否则解并非真实，或者像数学那样是虚拟的。我们还表明，时间的速度是由光速决定的，光速是创造宇宙的点火器。我们已经展示了宇宙的基本边界条件，使得任何分析解都需要符合该边界条件。

最后，想借此机会代表斯蒂芬·霍金教授说几句话。他于 2018 年 3 月 14 日去世。霍金教授是世界著名的天体物理学家、受人尊敬的宇宙科学家和天才。虽然时序宇宙的创造同样来源于始于宇宙大爆炸，但是它不是霍金教授宇宙的一个子空间。可以从前面的陈述中看到，时序宇宙的创造与霍金的创造有所区别。其中一个主要的区别可能是宇宙大爆炸的起源。我们的时序宇宙始于一个“非空”空间中的宇宙大爆炸创造，而不是通常假设的一个空白空间。我们的宇宙是一个更大的宇宙（多宇宙）的子宇宙，这个宇宙还有待发现。我们还证明了时间和子空间是共存的。每个子空间（物质）都是由能量和时间创造的，但是这个子空间不能带回已经用于创造的时间，因为时间是一个正向的变量。

参考文献

[1] A. Einstein, *Relativity, the Special and General Theory*, Crown Publishers, New York, 1961.

[2] F. T. S. Yu, "Gravitation and Radiation," *Asian J. Phys.*, vol. 25, no. 6, 789–795 (2016).

[3] A. Einstein, "Zur Elektrodynamik bewegter Koerper," *Annalen der Physik*, vol. 17, 891–921 (1905).

[4] J. D. Kraus, *Electro-Magnetics*, McGraw-Hill Book Company, New York, 1953, p. 370.

[5] M. Bartrusiok, *Black Hole*, Yale University Press, New Haven, CT, 2015.

[6] G. O. Abell, D. Morrison, and S. C. Wolff, *Exploration of the Universe*, 5th ed., Saunders College Publishing, New York, 1987, pp. 47–88.

[7] F. T. S. Yu, "Time: The Enigma of Space," *Asian J. Phys.*, vol. 26, no. 3, 143–158 (2017).

[8] L. Amendola and S. Tsujikawa, *Dark Energy: Theory and Observation*, Cambridge University Press, Cambridge, 2010.

[9] G. Bertone, ed., *Particle Dark Matter: Observation, Model and Search*, Cambridge University Press, Cambridge, 2010.

[10] M. Bartrusiok and V. A. Rubakov, *Introduction to the Theory of the Early Universe: Hot Big Bang Theory*, World Scientific Publishing, Princeton, NJ, 2011.

[11] J. O. Bennett, M. O. Donahue, M. Voit, and N. Schneider, *The Cosmic Perspective Fundamentals*, Addison Wesley Publishing, Cambridge, MA, 2015.

[12] R. Zimmerman, *The Universe in a Mirror: The Saga of the Hubble Space Telescope*, Princeton Press, Princeton, NJ, 2016.

[13] E. Schrödinger, "An Undulatory Theory of the Mechanics of Atoms and Molecules," *Phys. Rev.*, vol. 28, no. 6, 1049 (1926).

[14] W. Heisenberg, "Über den anschaulichen Inhalt der quantentheoretischen Kinematik und Mechanik," *Zeitschrift Für Physik*, vol. 43, 172 (1927).

[15] D. Gabor, "Communication Theory and Physics," *Phil. Mag.*, vol. 41, no. 7, 1161 (1950).

[16] F. T. S. Yu, "The Fate of Schrodinger's Cat," *Asian J. Phys.*, vol. 28, no. 1, 63–70 (2019).

[17] F. T. S. Yu, "Science and the Myth of Information," *Asian J. Phys.*, vol. 24, no. 24, 1823–1836 (2015).

[18] K. Życzkowski, P. Horodecki, M. Horodecki, and R. Horodecki, "Dynamics of Quantum Entanglement," *Phys. Rev. A*, vol. 65, 012101 (2001).

[19] T. D. Ladd, F. Jelezko, R. Laflamme, C. Nakamura, C. Monroe, and L. L. O'Brien, "Quantum Computers," *Nature*, vol. 464, 45–53 (March, 2010).

第2章

时序宇宙和热力学第二定律

科学中最有趣的定律之一一定是热力学第二定律。然而，所有的定律都是会被修改或打破的，热力学第二定律也不例外。热力学第二定律的孤立系统必须是我们时序宇宙中的一个子系统。由于我们宇宙的任何演化都会对它的子空间产生深远的影响，所以在热力学第二定律的孤立系统中，熵的变化是有联系的。这就是我重写这条定律的目的，这样它将被更精确地表述为把孤立的系统当作我们时序宇宙中的一个子空间。除此之外，热力学第二定律和信息之间还存在着深刻的联系，我们证明了熵和信息是可以交换的。没有这种关系，信息就很难在科学中应用。这主要是因为熵在科学中是一个公认的量。我们还证明，低熵子空间可以作为“负”熵源提供信息，其中所做的功、能量和熵都与信息有关。

2.1 热力学第二定律探讨

熵定律是科学中最有趣的定律之一。那么，熵是什么？熵这个词最初是由克劳修斯在 1855 年创造的。他可能是想把熵作为一种负面效应来使用，在科学中从负熵的角度讨论问题是非常有用。历史上，负熵概念的重要性最初是由 Tait 提出的，Tait 是 Kelvin 的亲密伙伴。熵的增加被 Kelvin 看作能量的退化。然而，负熵表示孤立系统中能量的质量或等级必须始终减小或保持不变。对应于孤立系统中的正熵，熵总是增加或保持不变。换言之，孤立系统内的能量将始终退化或保持不变。其中，熵的概念与能量的退化直接相关。然而，对热力学第二定律的学习者，特别是那些没有热力学基础知识的人来说，影响熵增加和保持不变的因素仍然是个谜。

让我们从图 2.1 所示的时序宇宙合成图开始。我们看到每个子空间都是宇宙中的一个时序子空间。根据能量守恒定律，宇宙中的能量随着其边界以光速扩展而不断衰减。因此，我们的宇宙中每个子空间内的熵增加实际上是受整个宇宙膨胀中熵随时间增加的影响。

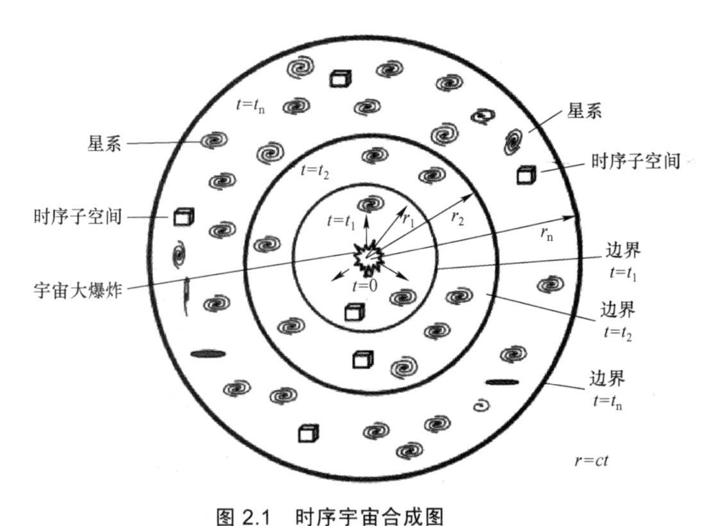

图 2.1 时序宇宙合成图

由于每个时序子空间需要一定的能量和时间来创建，这意味着每个子空间不是空的，而是时序的。宇宙中的任何子系统都需要一定量的能量 ΔE 和一定量的时间 Δt，或能量 ΔE、时间 Δt 和熵 ΔS 来创造。因此，每个孤立的子空间都可以用空间和时间来描述，即

$$f(x, y, z; t), \quad t>0 \tag{2.1}$$

式中：t 为正向时间变量；$x=c\cdot t$、$y=c\cdot t$ 和 $z=c\cdot t$ 为空间维度；c 为光速。

我们注意到，任何无时的子空间都不能存在于我们的时序宇宙中，反之亦然。同时，每个时序子空间都必须充满物质（能量、质量或两者），从我们的时序宇宙的创建可以看出，在下面的发散能量矢量描述中，即

$$\frac{\partial \varepsilon}{\partial t}=-c^2\frac{\partial m}{\partial t}=\nabla\cdot S \tag{2.2}$$

式中：ε 为能量；m 为质量；c 为光速；t 为时间变量；∇ 为发散算符；S 为辐射能矢量。

从式（2.2）可以看出，我们的宇宙是如何从巨大能量的宇宙大爆炸中产生的，式（2.2）显示了在宇宙大爆炸中的能量从无维度（点奇异性）表示到时空描述的转换。这恰恰表明了我们的宇宙，以及它所有的时序子空间（时空）是如何创造出来的。在图 2.1 中，还看到我们的时序宇宙是一个有界的子空间，其边界仍在以光速扩展，这是以我们目前的观察结果为基础。因为我们的宇宙是一个有界的时空，所以它必须被嵌入一个更复杂的空间，而这个空间尚未被发现。

2.2 时序子空间中的热力学第二定律

现在给出经典的热力学第二定律。例如，“在孤立系统中，熵总是随时间增加或保持不变”。这一说法意味着，假设的孤立系统在物理上与我们的宇宙是孤立的，它不是我们宇宙中的一个子系统（或子空间）。除了物理隔离之外，还有几个基本问题有待澄清。

首先，热力学第二定律假设孤立系统中的熵总是增加，这是为什么呢？或者等价地说，为什么孤立系统中的能量总是会退化？其次，如果热力学第二定律的孤立系统存在于我们的宇宙中，那么是什么造成了孤立系统中熵随时间的增加？此外，为什么孤立子空间中的熵必须“保持不变”？这些都是热力学第二定律的断言（图 2.2）。尽管热力学第二定律已经广泛接受，但是却困扰了科学家和工程师一个半世纪。

进一步指出，当宇宙膨胀时，其边界边缘附近的子空间比靠近宇宙中心的子空间膨胀得更快，如图 2.3 所示。这正是为什么任何孤立的子空间中的熵尽管增加的速度不同，一定是在不断增加的原因。我们还发现，每个子空间中熵的增加不会停滞或停止，因为每个子空间中熵的增加受整个宇宙随时间膨胀的影响。例如，靠近边界的子空间的速度将更接近光速——我们预计靠近边界的子空间的熵增加将比靠近宇宙中心的子空间更快。对于那些更接近我们宇宙边缘的子空间来说，它们中的

科学定律可能与我们的科学定律不同，而且它们的相对论时间也会与我们的不同！

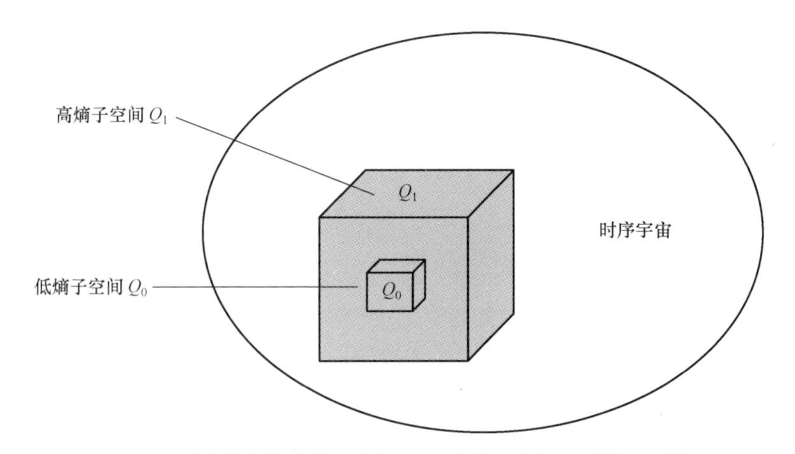

图 2.2　时序宇宙中低熵子空间 Q_0 是高熵子空间 Q_1 内的子空间

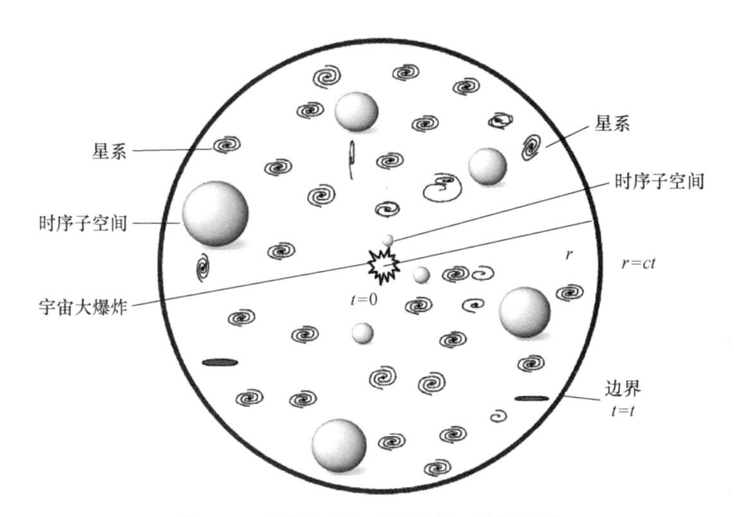

图 2.3　宇宙中心和时序空间及其子空间

正如我们所注意到的，所有的定律都是会被修改或打破的，由于受到整个宇宙变化的熵的影响，热力学第二定律也必须要修订，这样才能更准确地表述定律的内容。因此，热力学第二定律的修订版本写为："孤立的低熵子空间中的熵总是随时间增加，或者受整个时序宇宙的熵随时间增加的影响而保持相对较低的增长率。"

这个修正的热力学第二定律消除了定律的无端断言，更准确地说，它把孤立系统视为我们的时序宇宙中的一个子空间，表明孤立系统中熵的增加受整个宇宙熵增加的影响。然而，热力学第二定律的本质是，当且仅当两个子空间之间存在熵不平衡时，才能在两个子空间之间做功。因为在任何平衡熵孤立的时序子空间内都无法成为永动机，这个结果表明热力学第二定律是普遍适用的。

| 2.3 热力学第二定律和信息 |

我们断言，我们宇宙中的孤立子空间能够提供信息，当且仅当它的熵比周围低。下面考虑信息子空间的 N 种可能的结果。如果假设这 N 种可能的结果出现的概率相同，那么源提供的平均信息量由下式给出：

$$I_0 = \log_2 N \quad \text{bits/outcome} \tag{2.3}$$

然后提出一个问题：需要多少信息才能将这个子空间可能的结果数目从 N 减少到 M? 因为 $N>M$，所以所需的信息量显然是由下式定义：

$$I = \log_2 N - \log_2 M = \log_2 (N/M) \tag{2.4}$$

现在讨论一个非孤立的时序子空间，最初它有 N 个可能状态。如果随着时间的推移，这 N 个等概率状态减少为 M 个等概率状态，那么，N 和 M 个等概率状态对应的熵可以用玻尔兹曼—普朗克（Boltzmann－Planck）方程表示：

$$S_0 = k\ln N \tag{2.5}$$

$$S_1 = k \tag{2.6}$$

式中：k 为玻尔兹曼常数；ln 表示自然对数。

由 $N>M$ 可知，初始熵 S_0 大于后一个熵 S_1，即

$$S_0 > S_1 \tag{2.7}$$

根据热力学第二定律，非孤立子空间并不能被孤立，因为在孤立的低熵子空间中熵总是增加。为了使熵在非孤立子空间内减小，必须向该子空间提供一定量的信息。但是，信息量 I 必须由某个外部来源提供，它在非孤立子空间之外。因此，非孤立子空间中熵的减少显然是由于接收了信息（外部源）所致。熵的减少量等于提供的外部信息量：

$$\Delta S = S_0 - S_1 = -kI\ln 2 \tag{2.8}$$

或者

$$S_0 = S_1 - kI\ln 2 \tag{2.9}$$

式中，$S_0 > S_1$。

对于一个非孤立子空间来说，当且仅当一定的信息量输入到子空间中，其熵减小，信息量与非孤立子空间中熵 ΔS 的减小成正比。实际上，式（2.9）表明了热力学第二定律和信息之间的一个重要联系。式（2.8）和式（2.9）的意义是用信息换取熵。否则，信息将很难在科学中应用，因为熵是科学中公认的量。

然而，前面的非孤立子空间还不能保证是一个物理子空间。为了成为物理子空

间，它必须实际存在于我们的时序宇宙中，即非孤立子空间必须是我们宇宙中的时序子空间。因为我们的时序宇宙中的每个子空间都受到整个宇宙熵增加的影响，非孤立子空间也不例外。

那么，在我们的时序宇宙中，减少非孤立子空间内的熵所需的信息量是多少呢？正如我们前面所述，答案是，同样可以通过实现它的外部源推导出来。为了说明它是如何工作的，我们将一个外部信息子空间 I 和这个非孤立子空间组成一个孤立的整体，于是这个新的孤立子空间（整个子空间）是我们的时序宇宙中的一个子空间。因此，随着时间的推移，整个子空间的熵将以相同的速率增加或保持不变，这与我们宇宙的熵增加有关，即

$$\Delta S=S_0-S_1=-kI\ln(2)+\delta\cdot\Delta t \tag{2.10}$$

式中：熵的增长率δ受整个宇宙的影响，随着时间递增；Δt 为时间间隔。

式（2.10）与式（2.8）的差别仅仅在$\delta\cdot\Delta t$ 这一项。与整个孤立子空间的总熵增加相比，这一项需要特别提及，在时间上可以当作一个小值。为了简单起见，在我们的讨论中，可以忽略$\delta\cdot\Delta t$ 这个残留项。因此，可以看到，随着时间的推移，在不考虑$\delta\cdot\Delta t$ 这个残留项的前提下，净熵是增加的，即

$$S'=S_1-\delta\cdot t\approx S_1 \tag{2.11}$$

除去残留项，净熵的增量可以写为

$$\Delta S'=S_0-S'\approx-kI\ln2 \tag{2.12}$$

或者

$$S'\approx S_0+kI\ln2 \tag{2.13}$$

这与我们在式（2.9）中得到的结果十分接近，并且它与基于原始假设的相同的结论相似，物理孤立系统不是宇宙中的子空间。换言之，传统的热力学第二定律是正确的，这正是它的表述方式导致了一些差别。如果把这个孤立的系统当作我们时序宇宙中的一个子空间，那么这个修改后的热力学第二定律很可能会将模棱两可之处降到最低。例如，正如传统的热力学第二定律，孤立系统内的熵增加或“保持不变”是一种神秘现象。由于孤立子系统必然是宇宙中的一个时序子空间，并且在每个时序子空间中熵增永远不会停止。由于整个宇宙的熵随时间增加，孤立系统的熵实际上是在不断增加，只是速度相对较慢。可以断言，孤立系统内熵不可能保持不变，否则这个孤立系统将是一个非时序子空间。正如我们所看到的，任何非时序孤立系统都必须是一个“无时”的系统，但是一个无时的子空间不能存在于一个时序子空间内。换句话说，如果孤立系统的熵能够保持不变，那么这个孤立系统就不能是一个时序系统，也就不会是我们的时序宇宙中的一个子空间。

2.4 熵与信息的交换

本节将展示信息与熵之间的关系。我们获得的任何信息都不是免费的，需要由一个外部源支付对应的代价——这个外部源熵不断减少。如热力学第二定律所述，当我们考虑整个孤立系统（包括一个信息源）时，在整个系统内的任何演变均会使得熵随时间增加：

$$\Delta S' \approx (S_0 - kI\ln 2) > 0 \tag{2.14}$$

我们看到，熵$\Delta S'$的任何进一步增加可能是由于 ΔS_0 或 ΔI，或两者兼而有之。虽然，原则上可以将 ΔS_0 和 ΔI 的变化分开，但是在某些情况下，我们很难区分 ΔS_0 和 ΔI 引起的变化。

值得注意的是，如果孤立子空间的初始熵 S_0 对应于结构的某种复杂性，而不处于最大值状态，此时如果 S_0 保持不变（$\Delta S_0=0$），那么在没有外部源影响的某个自由演变之后，可以从式（2.14）中得到

$$\Delta I < 0 \tag{2.15}$$

由于 $\Delta S_0=0$，参考式（2.14），信息的变化量 ΔI 是负值，即信息量在减少。其原因是，当我们对整个子空间的复杂性一无所知时，熵 S_0 处于极大值（等概率的情况）。因此，由子空间结构提供的信息是最大值。因此，$\Delta I<0$ 的原因在于，为了增加子空间的熵（$\Delta S_0>0$），需要一定程度的信息减少。换句话说，只有通过增加子空间的熵，才能提供或传输信息（负熵的来源）。然而，如果初始熵 S_0 相对于周围熵处于最大状态，即 $\Delta I=0$，则子空间不能用作负熵的源。尽管如此，我们已经证明了熵和信息是可以相互转换的，正如下式所示：

$$\Delta S' \leftrightharpoons \Delta I \tag{2.16}$$

其中，信息只能通过增加物理设备的熵来获得，并且物理设备的熵比周围更低。换句话说，一个熵增的物理系统可以作为负熵源来提供信息，反之亦然。事实上，所做的功或能量与信息有所关联，即

$$\Delta W = \Delta Q = T\Delta S = IkT\ln 2 \tag{2.17}$$

式中：W 为功；Q 为热；T 为热噪声温度（K）。

随着热噪声温度的升高，信息传输所需的能量也会增加。

对于式（2.16），信息量（以 bit 为单位的 ΔI）或者与之等价的熵量（以 J/K 为单位的 $\Delta S'$）是获取一定量信息所需要的“代价”，这并不表示它就等于信息的数值。例如，一本书有 Nbit（或者等量熵），但是我们有着无数本相同的书、它们都具有这 Nbit 相同的信息。做一个类比，一个苹果需要 1 美元，而 1 美元也可以买一个橘子

或者一包纸巾。

然而，我们要思考的问题是：有没有一个相反的热力学第二定律——“我们的宇宙中孤立子空间的熵会随着时间而减少”？答案是肯定的，那就是孤立子空间包括一种能量会聚物质，如黑洞的情况。

结　语

自从克劳修斯在 1865 年发现熵以来，热力学第二定律已经吸引了科学家和工程师一个多世纪。这个定律可能是物理学家、化学家、工程师和信息科学家引用最多的科学定律之一。然而，所有的定律都注定会被修订或发展，热力学第二定律也不例外。另外，我们的时序宇宙的重要性质是，我们宇宙中的每个子空间都必须是时序的。我们的时序宇宙随时间的任何演变都会对它的子空间产生深远的影响，包括热力学第二定律。这就是本章对热力学第二定律进行修改的原因，这样它在我们的时序宇宙中将更加精确和一致。修改后的热力学第二定律表述为：“孤立的低熵子空间中的熵总是随时间增加，或者受整个时序宇宙随熵增的影响而保持相对较低的速率增加”。此外，我们已经表明，热力学第二定律和信息之间存在着密切的关系，在这种关系中，我们看到熵和信息是可以交换的。我们还强调，没有热力学第二定律，信息将很难应用于科学。原因是，熵的概念在科学领域已经广为接受。我们进一步证明了低熵子空间（或装置）可以作为一个负熵源提供信息，其中的功和能量都与信息有关。简而言之，热噪声温度越高，信息传输所需要的能量就越高。

参考文献

[1] R. Clausius, “Ueber verschiedene für die Anwendung bequeme Formen der Hauptgleichungen der mechanischen Wärmetheorie : vorgetragen in der naturforsch,” *Gesellschaft den*, vol. 24, 46 (April 1865).

[2] L. Brillouin, “The Negentropy Principle of Information,” *J. Appl. Phys.*, vol. 24, 1152 (1953).

[3] P. G. Tait, *Sketch of Thermodynamics*, Edmonston and Douglas, Edinburgh, 1868, p. 100.

[4] L. Brillouin, *Science and Information Theory*, 2nd ed., Academic, New York, 1962.

[5] F. T. S. Yu, *Optics and Information Theory*, Wiley-Interscience, New York, 1976,

p. 80.

[6] F. T. S. Yu, "Time: The Enigma of Space," *Asian J. Phys.*, vol. 26, no. 3, 143–158 (2017).

[7] F. T. S. Yu, *Entropy and Information Optics: Connecting Information and Time*, 2nd ed., CRC Press, Boca Raton, FL, 2017, pp. 171–176.

[8] G. O. Abell, D. Morrison, and S. C. Wolff, *Exploration of the Universe*, 5th ed., Saunders College Publishing, New York, 1987, pp. 47–88.

[9] R. Zimmerman, *The Universe in a Mirror: The Saga of the Hubble Space Telescope*, Princeton Press, Princeton, NJ, 2016.

[10] L. Boltzmann, "Über die Mechanische Bedeutung des Zweiten Hauptsatzes der Wärmetheorie," *Wiener Berichte*, vol. 53, 195–220 (1866).

[11] M. Bartrusiok, *Black Hole*, Yale University Press, New Haven, CT, 2015.

第3章

科学与信息之谜

本章我们将展示科学和信息之间的神秘关系。因为每种物质都有一个或多个信息的价格标签，包括我们宇宙中的所有组成部分，所以在处理科学时，我们不能简单地忽略信息。我们已经证明了信息和熵之间有着密切的联系，熵是一个在科学中被广泛接受的量。没有这种联系，信息将更难应用于科学。现代物理学中两个最重要的支柱肯定是爱因斯坦相对论和薛定谔量子力学，我们通过不确定性原理证明了它们之间存在着深刻的联系。由于不确定性关系，我们表明每一点信息都需要时间和能量来传递、创造和观察。因为一个人不能从无到有地创造物质，任何要创造的物质都需要大量的能量，并且需要大量的熵实现它！问题是，我们能负担得起吗?

3.1 空间和信息

让我们从单位空间提供的单位信息开始。正如我们已经看到的，每个物理空间都是时序的，它由能量 E 和时间 t 创造。因此，我们正在处理的物理空间不是空的；否则它将是一个绝对空的空间、不存在于我们的宇宙中。为此，我们假设一个信息单元或单位空间，如图 3.1 所示。

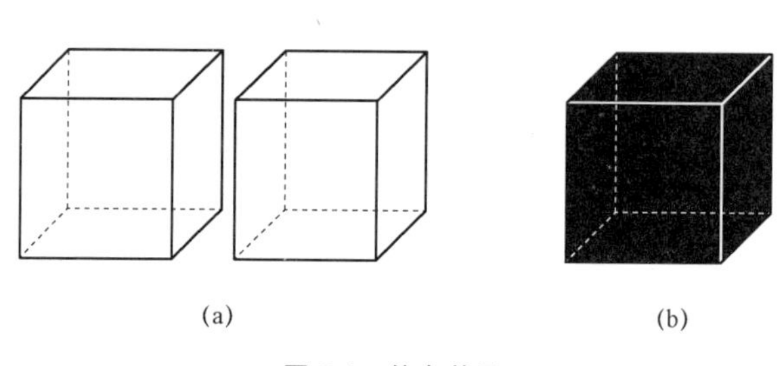

图 3.1 信息单元

（a）虚拟单元；（b）二进制信息单元

虚拟现实是一个虚构的现实，没有现行科学定律的支持；而真实的现实是由科学定律支持的。为了使这个单元成为现实，我们应该首先考察现实的时空。时间是物理科学中最基本的量，它支配着所有物理定律。没有时间，就没有空间、物质和生命。因此，时间必须是科学的最高法则。换言之，所有的科学定律都离不开时间。

让我们展示一下单位空间如何成为一个真实的空间。为了做到这一点，我们将借助当前物理定律的极限——光速。通过光速 $\boldsymbol{c}$ 的作用，每个维度可以用 $d=\boldsymbol{c}\cdot\Delta t$ 描述，其中 Δt 是持续时间。尽管如此，这个单位空间仍然不是物理空间，因为它绝对是空的。正如我们所知，绝对空的空间无法存在于真实的空间中，所以我们必须用一种或多种物质填满这个空间。在用物质填满空间后它就是科学定律中的一个真正的单位空间。

如果假设图 3.1（b）中的该单元每次提供一个二值型信号（白色或黑色），则该单元提供的信息由下式给出：

$$I=\log_2^2=1\ (\text{bit}) \tag{3.1}$$

此时我们会想到一个问题：信息单元的最小尺寸是多大？它的下限由海森堡不确定度原理定义的。换言之，在当前科学定律的约束下，是时间间隔 Δt 和光速 c 决定了信息单元的大小。

现在，让我们将这个信息单元扩展到如图 3.2 所示的包含 $N\times M\times H$ 个信息单元的立方体。下面，仍然假设黑色单元或白色单元出现的概率是相等的，则该单元在

给定时间提供的信息可以写为

$$I=(N\times M\times H)\text{（bit）} \quad (3.2)$$

现在，稍微改变一下这个问题。如果每个单元在任何给定时间都能等概率地成为 W 级可分辨的灰度信号的一个状态，那么这个三维立体结构所提供的整体空间信息可以表示为

$$I=(N\times M\times H)(\log_2 W)\text{（bit）} \quad (3.3)$$

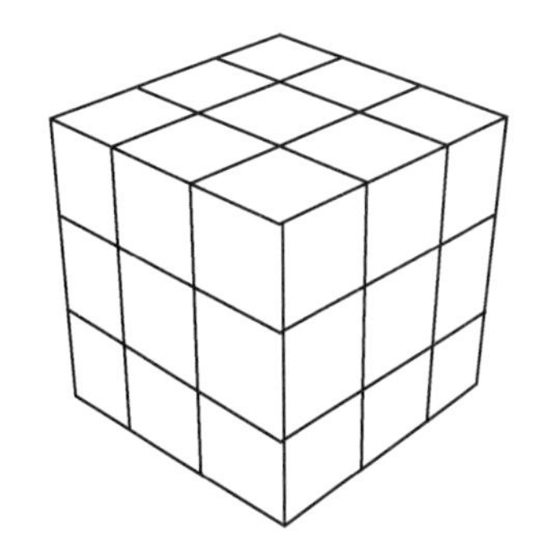

图 3.2 包含 $N\times M\times H$ 个信息单元的立方体

这实际上也是 100%确定条件下创建这个三维立体信息结构所需的信息量。

3.2 时间和信息

语音是一种典型的时间信息或时间信号，另一个例子是电报（莫尔斯电码）信号。图像是一种空间信息或空间信号。不用说，空间和时间信号可以拆解或交织进行时间传输。例如，电视显示是利用时间信息传输进行空间信息显示的示例，老式电影音轨是利用空间信息进行时间信息传输的示例，连续播放的电视节目是利用空间和时间信息传输的示例。

现在，我们来了解如图 3.3（a）所示的时间信号的信息内容。

众所周知，任何时间信号都可以数字化为二进制形式（0 和 1），用于时间传输或时间信号传输，如图 3.3（b）和图 3.3（c）所示。这正是我们在当前通信和计算机系统中使用的二进制或数字格式。然而，虽然包括一些工程师和科学家在内的大多数人都知道数字系统是如何工作的，但是有些人可能不知道我们为何开发它。

现在，让我们从数字系统和模拟系统之间的主要区别开始，即数字系统以二进制形式（0，1）运行，而模拟系统以模拟形式（多级）运行；数字系统提供较低的信息容量（如每级 1 bit），而模拟系统提供较高的信息容量（如每级更多位）等。既然数字系统的信息容量比模拟系统低，为什么要大费周折地把模拟信号转换成数字信号、然后再在接收端转换回模拟呢？答案是能够利用光速传输——可以以光速携带大量时间信息。这正是时间传输所付出的代价。

使用数字传输的主要目的是抗噪声，否则，我们不会采用编码更长的数字传输。其原因是，在数字传输中，信号很容易重复，而模拟信号传输无法做到这一点，它只能进行信号放大。我们可以看到，经过几轮放大后，模拟信号将被噪声完全破坏；而在数字信号传输中，传输的信号可以通过中继器容易地刷新。因此，数字信

号可以通过一个或多个中继器传送到数千英里[①]以外，而接收到的信号与原始信号一样好！

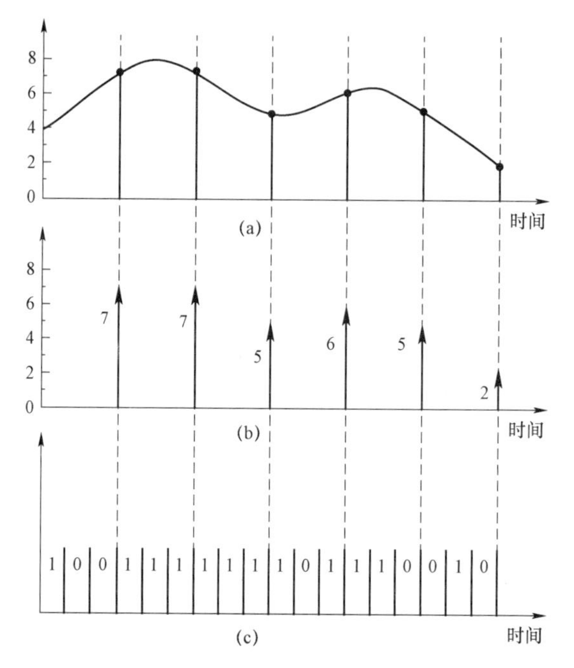

图 3.3　模/数信号转换

（a）模拟信号；（b）采样信号；（c）数字信号

例如，如果连续多次复制一张 CD 或 DVD 光盘，你会发现最新的复制和原来的一样好！虽然严格地说数字传输的信号不是实时的，但是由于光速的传输，它看起来非常接近实时！这正是我们为光速的传输所付出的代价！

因为时间是科学领域中最深奥的量之一，它没有质量，没有体积，没有起点，也没有终点。它不能静止不动，也不能后退。每一种物质都是随时间不断运动的。事实上，每一条信息都只能随着时间而传递。因此，没有时间的存在，所有的信息都将无法传达和观察！换言之，每一条信息都需要时间和能量来传输，而不是免费的。一个简单的例子是，当一个人以光速旅行时（假设他可以），他甚至不能看到自己面前的镜子，因为没有时间消耗。因此，一条信息需要时间来传递。

3.3　熵和信息

事实上，我们的世界和这个宇宙充满了信息。那么有人会问：信息和科学之间

① 1 英里=1.609 344 千米。

有什么联系？换句话说，如果没有一个物理量表示信息，那么信息就很难得到应用，也无法与科学联系起来！

热力学第二定律中最有趣的定律之一就是熵定律，它是由玻尔兹曼提出的，即

$$S = k \ln N \tag{3.4}$$

式中：k 为玻尔兹曼常数；ln 为自然对数；N 为可分辨状态的总数。

鉴于信息测量（以位为单位）由下式给出：

$$I = -\log_2 p \tag{3.5}$$

式中：p 为一个可能状态的概率。

我们看到信息和熵定律之间存在着深刻的联系：式（3.4）和式（3.5）在本质上都是统计性的，也都是以对数形式呈现。很明显，每一点的信息量都与熵量相关联。换句话说，每一条信息都相当于一定量的熵，而熵的概念在科学上已经被广泛接受。

现在让我们证明信息确实可以转换成熵。例如，给定一个非孤立的物理系统，其中复杂性结构中的等概率已经建立。我们进一步假设该系统有 N 个可能的结果，并已简化为 M 个状态。那么，N 和 M 等概率状态的熵值可以分别写为

$$S_0 = k \ln N \tag{3.6}$$

$$S_1 = k \ln M \tag{3.7}$$

式中：$N > M$；k 为玻尔兹曼常数。

为此我们看到

$$S_0 > S_1 \tag{3.8}$$

因为它是一个非孤立的系统，当且仅当大量的外部信息被引入到系统中时，它的熵可以减少，则

$$\Delta S = S_1 - S_0 = -kI \ln 2 \tag{3.9}$$

于是，式（3.9）可以改写为

$$S_1 = S_0 - kI \ln 2 \tag{3.10}$$

因此，这个熵减少过程需要一定数量的信息，并且所需要的信息量与熵的减少成正比。这正是熵和信息之间的基本联系，即信息和熵可以简单地转换。

此外，如果将整个系统作为孤立系统来考虑，参考热力学第二定律可以看到，系统内的任何进一步演变，其熵要么增加、要么保持不变，即

$$\Delta S_1 = \Delta(S_0 - kI \ln 2) \geqslant 0 \tag{3.11}$$

熵的任何进一步增量 ΔS_1 都是由于 ΔS_0 或 ΔI 的作用，或者两者共同的作用。虽然原则上可以区分 ΔS_0 和 ΔI 的变化，但是在某些情况下很难进行区分。我们进一步注意到，由于（孤立的）系统不受任何外部来源的影响，即 $\Delta S_0 = 0$，信息的变化是

负的或减少的，即

$$\Delta I \leqslant 0 \quad (3.12)$$

由于假设初始熵 S_0 为最大值（等可能的情形），因此 $\Delta I \leqslant 0$ 是由于系统熵的增加（$\Delta S_1 \geqslant 0$），信息的减少是必然的。换句话说，只能通过增加系统的熵来提供或传输信息（负熵源）。

然而，如果初始熵 S_0 处于最大状态，那么 $\Delta I = 0$，系统不能作为负熵源。例如，没电的电池（最大熵）不能用于提供信息。这说明熵和信息实际上可以互换或简单交易，但是代价是需要熵的外部来源，即

$$\Delta I \leftrightharpoons \Delta S \quad (3.13)$$

需要强调的是，这种关系是信息与科学之间最有趣的联系之一；否则，信息和物理之间就不会有任何直接关联。

3.4 物质和信息

每种物质都具有一定的信息，包括所有基本粒子、所有元素的基本构件、原子、纸张、我们的星球、太阳系、银河系，甚至我们的宇宙。换句话说，宇宙充满了信息（空间和时间），或者信息存在于整个宇宙。严格来说，当一个人在研究包括时空和生命的存在在内的宇宙的起源时，信息的方面是不能缺失的。然后，有人会问：除了所需要的能量，创造一种特定物质需要多少信息？或者等价地，创建它的熵值是多少？

在我们讨论之前，需要定义几种空间信息或信息。从物理角度来看，可以定义两种类型的空间信息，即静态信息和动态信息。

静态信息主要是由大自然的物理定律产生的。例如，创建原子或基本粒子需要大量信息。换句话说，静态信息不是由生物进化过程或人为创造的，主要是由复杂的原子核和化学反应或相互作用形成的。它们不是由智能或人工干预创造的。

基本粒子、电子、质子和各种原子粒子（如氢原子、氧原子、铀、金等）的信息，是典型的静态信息。事实上，要真正产生那些亚原子粒子，除了极端的原子核相互作用（我们将在后面讨论），还需要大量的信息（或熵）。这个过程不可能通过简单的人类干预或进化过程完成，而是通过核反应和化学相互作用的统计结果完成，与我们的宇宙、太阳系和行星的形成相类似。

动态信息主要源于人类活动或者生物的（进化的）过程。事实上，动态信息不是由大自然创造的，而是借助进化过程或人为干预产生的。动态信息有两大类：人工信息和自组织信息。人工信息是人造信息，而自组织信息则是通过自我产生或适

应的方式产生的，如 DNA、基因、免疫系统或生物细胞等的信息内容。

事实上，人类制造的所有物体都认为是人造的，包括手表、计算机、战舰和汽车等工具和设备都是典型的例子。尽管如此，每个设备都有自己的与特定数量的信息相关联的标签。这是创造过程发生除了时间和能量外所需要的信息或人工信息量。同样，创造所需要的信息也不是免费的，它将消耗大量的熵。

3.5　不确定性和信息

量子力学中最吸引人的原理之一是海森堡不确定性原理，参考文献［6］给出的表达式为

$$\Delta x \cdot \Delta p \geqslant h \tag{3.14}$$

式中：Δx 和 Δp 分别为位置误差和动量误差；h 为普朗克常量。

该原理意味着，在普朗克常量或 h 区域的误差范围内，不能同时检测或观察（粒子的）位置和动量。不用说，海森堡不确定性原理也可以写成以下形式：

$$\Delta E \cdot \Delta t \geqslant h \tag{3.15}$$

$$\Delta \nu \cdot \Delta t \geqslant 1 \tag{3.16}$$

式中：ΔE，Δt 和 $\Delta \nu$ 分别为能量、时间和频谱分辨率。

我们强调，$\Delta \nu \cdot \Delta t \geqslant 1$ 的下边界提供了与信息的非常显著的关系，或者说等同于 Gabor 所示的信息单元，如图 3.4 所示。图中，ν_m 和 T 表示时间信号的频率和时间限制，当且仅当信息在不确定性原理（$\Delta \nu \cdot \Delta t \geqslant 1$）的约束下运作时，每一个信息都能有效地传送或传输。这种关系意味着，信号带宽应该等于或小于系统带宽，即 $1/\Delta t \leqslant \Delta \nu$，由此可知 Δt 和 $\Delta \nu$ 可以被转换。然而，决定极限的是单位面积，而不是信息单元的形状。

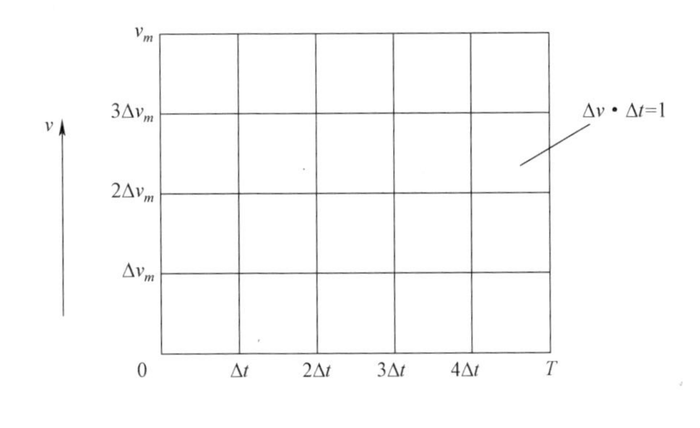

图 3.4　Gabor 信息单元

相似地，关于不确定性关系 $\Delta E \cdot \Delta t \geqslant h$，我们看到是单位普朗克区域或 h 的大小设定边界，而不它是形状。因为普朗克区域与我们所描述的单位信息单元相关，所以很容易看出每一个信息都需要大量的能量 ΔE 和时间 Δt 有效地传递、创造和观察，而且这些过程也不是免费的。

根据图 3.4，信息单元的总数可以写为

$$N' = (\nu_m / \Delta \nu)(T / \Delta t) \tag{3.17}$$

我们注意到，带限信号必须是一种非常特殊的类型。该函数必须表现良好，它不包含不连续点，没有尖角，只有圆角特征，这类信号必须是解析函数。信息单元的形状不是特别重要，重要的是单位面积，即

$$\Delta \nu \cdot \Delta t = 1 \text{（或者是 } \Delta E \cdot \Delta t = h \text{ 中的 } h\text{）} \tag{3.18}$$

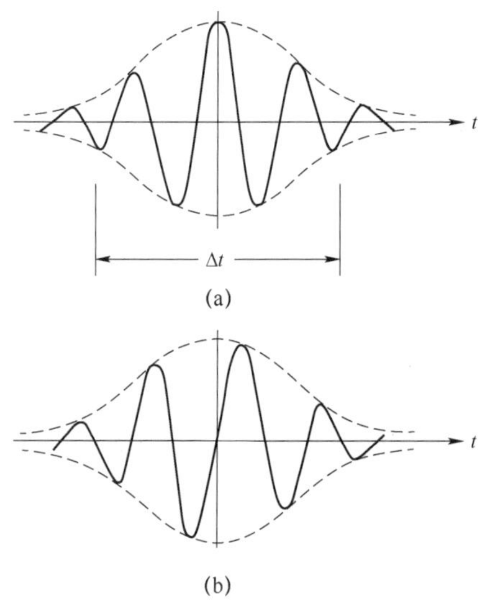

图 3.5 高斯包络：余弦和正弦小波

此外，如 Gabor 所建议的，一组高斯余弦和正弦波可以在每个单元中使用，如图 3.5 所示。

因此，如果每个信息单元都容纳有这组基本信号或小波，那么信息单元的总数将增加 2 倍，即 $N = 2N'$。那么，海森堡不确定性原理可以分别表示为以下不等式：

$$\Delta x \cdot \Delta p \geqslant (1/2)h \tag{3.19}$$

$$\Delta E \cdot \Delta t \geqslant (1/2)h \tag{3.20}$$

$$\Delta \nu \cdot \Delta t \geqslant 1/2 \tag{3.21}$$

式中，h 或单位区域已经减小了 1/2。

为了总结对不确定性和信息的讨论，我们提供了一组音频谱图，显示海森堡不确定性原理确实成立，分别如图 3.6（a）和图 3.6（b）所示。

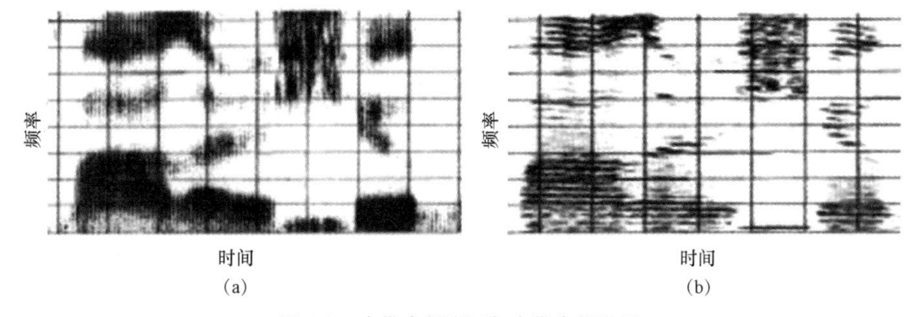

图 3.6 宽带音频谱图与窄带音频谱图

（a）宽带音频谱图；（b）窄带音频谱图

图 3.6（a）显示了一个宽带音频谱图，其中时间分辨率 Δt（时间条纹）可以很

容易地可视化，其代价是更精细的频谱分辨率 $\Delta\nu$ 。另外，通过观察图 3.6（b）中的窄带音频谱图分析，我们可以看到以时间条纹 Δt 为代价可以获得更好的频谱分辨率 $\Delta\nu$ 。注意，这些结果符合不确定性原理：不能同时观察到精细的频谱分辨率 $\Delta\nu$ 和时间分辨率 Δt 。

3.6 确定性和信息

不确定性原理是在侵入性观察的假设下推导出来的，在这种假设下，被观察的样本使用的是外部照明器。虽然这一原理是不可违背的，但是并不意味着确定限度以内的区域不能加以利用。因此，通过翻转不等号，可得

$$\Delta t \Delta \nu \leqslant 1 \tag{3.22}$$

这个关系式与不确定性原理相反，可以称为“确定性原理”。这意味着当信号（如光束）在一个时间窗口 Δt 内传播时，复杂的光场保持高度的确定性。因此，当光束（或信号）的带宽 $\Delta\nu$ 减小时，信号特性在更宽的时间窗口内 Δt 是自我保持的（不变的），反之亦然。这正是电磁信号（或光束）的时间相干性极限。如果将前面的确定性原理不等式与光速 c 相乘，可得到

$$c\Delta t \leqslant c/\Delta\nu \tag{3.23}$$

这是信号光束（或光源）的确定距离（或相干长度），即：

$$\Delta d \leqslant c/\Delta\nu \tag{3.24}$$

这意味着在相干长度 Δd 内，信号 $u(t)$ 将与更早的信号 $u(t+\Delta t)$ 高度相关，即

$$\Gamma_{12}(\Delta t) = \lim_{T\to\infty}\frac{1}{T}\int_0^T u_1(t)u_2^*(t+\Delta t)\,\mathrm{d}t \tag{3.25}$$

式中：$\Delta t \leqslant 1/\Delta\nu$；“*”表示复共轭；$u_1$ 为当前接收到的信号；u_2^* 为 Δt 之前的信号。

式（3.25）可称为确定性函数，它类似于相干光学中的互相干函数。确定性程度（互相干性）可由下式确定：

$$\gamma_{12}(\Delta t) = \frac{\Gamma_{12}(\Delta t)}{[\Gamma_{11}(0)\Gamma_{22}(0)]^{1/2}} \tag{3.26}$$

如上所述，信息单元的形状并不重要，只要它是单位单元（$\Delta\nu \cdot \Delta t = 1$）。我们强调，在信号传输、观测、处理、测量和成像等方面，这一单元区域尚未得到充分利用。例如，在确定区域 $\Delta t\Delta\nu \leqslant 1$ 内的复波前重建确实可以加以利用。

在确定区域（单位区域内）内的成功应用之一是 Gabor 的波前重建（全息术）的应用。我们知道，成功的全息构造取决于光源的相干长度（时间相干性）。换句话说，光源控制着确定性关系，使得物光和参考光高度相关（互相干）。否则，物光的复波前将无法在照相底片上正确编码。

另一个应用实例是合成孔径雷达（SAR）成像。雷达回波信号需要与高度相干的本地信号相结合，才能在平方律介质上合成回波波前的复分布。图 3.7 展示了确定区域内获得的试验结果。

(a)

(b)

图 3.7　信息图像与合成孔径图像

（a）全息图像；（b）合成孔径雷达图像

图 3.7（a）显示了从全息图中再现的图像，即全息图像，该图像是在激光（光源）的相干长度也就是确定距离 Δd 内记录的，这保证了物光和参考光在照相底片上的编码是一致的。图 3.7（b）示出了从合成孔径格式获得的合成孔径雷达图像，该格式由一系列反射的雷达波前与相互相干的本地信号合成。我们进一步注意到，微波雷达的带宽非常窄。实际上，它的确定距离 Δd（或相干长度）可能超过 10 万英尺[①]。

3.7　相对性和信息

因为每一位观测者都受到不确定性关系的限制，如

$$\Delta \nu \cdot \Delta t \geqslant 1 \tag{3.27}$$

我们注意到，它的频谱分辨率和时间分辨率是可以互相转换的。换句话说，决定边界的是单元或区域面积，而不是形状。例如，该形状可以是细长的矩形，只要它受到单位面积的限制。实际上，时间是科学中最神秘的元素之一：它只能前进，不能后退。根据爱因斯坦狭义相对论，如果一个人以接近光速的速度行进，时间可能会慢一些。现在，我们从爱因斯坦狭义相对论中得到时间展宽表达式，即

$$\Delta t' = \frac{\Delta t}{\sqrt{1-v^2/c^2}} \tag{3.28}$$

式中：$\Delta t'$ 为展宽的时间窗口；Δt 为时间窗口；v 为观察者的速度；c 为光速。

① 1 英尺=0.304 8 米。

如果我们假设观察者以一定的速度v运动并观察静止（$v=0$）的物体，那么观察者将具有较宽的时间窗口$\Delta t'$，而不是Δt。然后应用不确定性原理，有

$$\Delta\nu \cdot \Delta t' \geqslant 1 \tag{3.29}$$

由于展宽的时间窗口$\Delta t'$（观察时间窗口）比Δt宽，即$\Delta t' \geqslant \Delta t$，原则上可以获得更精细的频谱分辨率极限。

进一步注意到，当观察者的速度v接近光速时（$v \to c$），时间窗口将变得无限大（$v \to c$）。这意味着$\Delta t' \to \infty$，原则上，当观察者以光速c行进时，观察者观察标本的时间可以无限长。在这种情况下，观测者原则上具有无穷小的（或更精细的）光谱分辨率（$\Delta\nu \to 0$）。

另外，如果观察者静止不动（$v=0$），并且正在观察以速度v运动的试验，则需要考虑的时间窗口为

$$\Delta t = \Delta t' \sqrt{1 - v^2 / c^2} \tag{3.30}$$

将Δt代入不确定性关系$\Delta\nu \cdot \Delta t \geqslant 1$中，可以获得更宽（更差）的频谱分辨率$\Delta\nu$，因为$\Delta t \leqslant \Delta t'$。

同样，如果样本的速度接近光速（$v \to c$），观察者将没有时间观察，即$\Delta t \to 0$。频谱分辨率将变得无限大或极差（$\Delta\nu \to \infty$）。

现代物理学中最重要的两个支柱是爱因斯坦相对论和薛定谔量子力学。在前面我们已经证明，这两个支柱之间通过海森堡不确定性原理深刻地联系在一起。在这个原理中，观测时间窗口可以通过爱因斯坦的时间展宽来改变。

下面，我们分析海森堡不确定性原理的意义，它可以写为

$$\Delta E \cdot \Delta t \geqslant h \tag{3.31}$$

$$\Delta p \cdot \Delta x \geqslant h \tag{3.32}$$

我们注意到，约束不是由形状决定的，而是由普朗克常量或h区域的大小决定的。由于每个h区域也与一个信息单元相关，能量ΔE和时间分辨率Δt也可以转换，动量Δp和位置变量Δx也可以转换。换句话说，是普朗克区域限制了ΔE和Δt的转换限额，也限制了Δp和Δx的转换限额。然而，在实践中，时间窗口的操作更加困难，因为时间在不断向前移动，甚至不能减速或静止。尽管如此，我们已经表明，随着观测者接近光速，观测时间窗可以变宽。

3.8　创造和信息

我们注意到，每种物质都有独有的特征或信息，这条信息相当于熵的代价。因为信息和熵是可以转换的，所以产生等量的信息需要熵的代价。但是，实际上熵的

代价通常非常高。

现在，我们回到三维立体结构。如图 3.2 所示，提供的信息量由下式给出：

$$I=(N\cdot M\cdot H)(\log_2 W)(\text{bit}) \tag{3.33}$$

熵的等价量或代价可以表示为

$$S=(N\cdot M\cdot H)(\log_2 W)k\ln 2 \tag{3.34}$$

这正是创建这个立方体结构所付出的代价或熵的最小代价。

为了方便说明这个问题，设该立方体结构的总质量为 m，那么创建它所需的最小能量是多少？参考爱因斯坦能量方程，有

$$E\approx mc^2 \tag{3.35}$$

式中：m 为质量；c 为光速。

如果我们想把能量转化为质量，则这就是所需的最小能量。当然，这里假设可以做到这种能量到物质的转换。

例如，创建如图 3.8 所示的三个单位的二进制信息单元所需要的熵代价是多少？如果这个三个单位结构的质量为 1 kg，那么一个单位所需要的能量是多少？

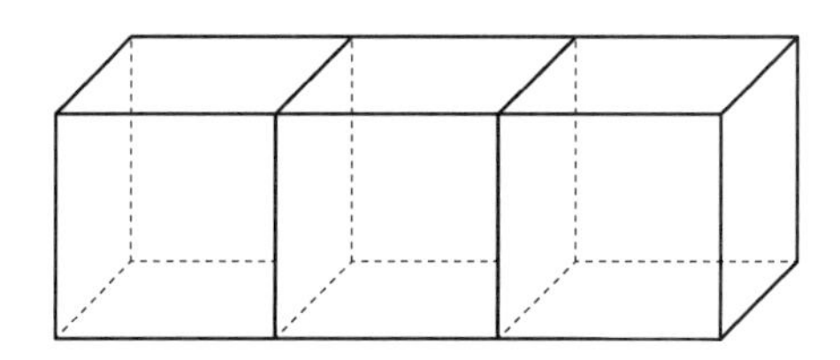

图 3.8　3 单位信息单元

首先，它需要最低的能量成本大约相当于第二次世界大战时投在长崎的 1 000 颗原子弹。注意，这是一个假设，即可以将总能量转变回质量。尽管我们假设转换过程可以发生，但是这些能量仍然不足以创建三个单位的信息单元。因为，我们仍然需要 3 bit 的信息（或熵的最小成本）实现它，并且所需熵的代价可以由 $S=3k\ln 2$ 计算出来。

我们还注意到，创建 3bit 立方结构的最低能量代价是一个必要条件，但是这还不足以创建整个结构。正是这 3 bit 的信息或 $S=3k\ln 2$ 的熵完成了结构的创建。这 3 bit 信息（或等量的熵）是创建该结构的充分条件。注意，这 3 bit 信息可能来自大自然，也可能是人造的。在这个例子中，它更有可能来自人工。

3.9　价格标签和信息

我们再次强调，每一个比特的信息都有代价。例如，每 1 bit 都附加了熵的代价，

并且它受到海森堡不确定性原理的 Δt 和 ΔE 的限制。这意味着，每 1 bit 都需要时间和能量来传输、处理、记录、检索、学习和创造，它不是免费的。然后一个问题是，我们能支付得起这样的代价吗？

假设一个机械时钟及其零件分别如图 3.9（a）和（b）所示。于是，我们面临这样一个问题：如果把所有必要的零件都交给一个外行重新组装，那么他们重新组装所需要的信息量或熵的成本是多少？接下来的另一个问题是，他们实际组装需要多长时间？

(a)

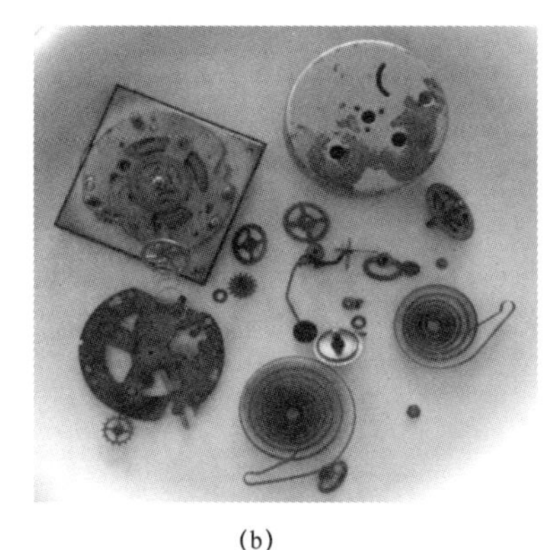

(b)

图 3.9　机械时钟和时钟的零件

（a）机械时钟；（b）时钟的零件

首先，由于外行不知道时钟是如何工作的，所以他们需要学习机械时钟的工作原理。这表示他们需要学习的信息量或熵的代价。其次，在外行学会钟表的工作原理以后，他们必须想出如何进行组装。这需要另一组信息（相当于指导手册提供的信息）组装时钟。到目前为止，我们已经展示了外行人组装时钟所需要的两个主要熵代价。这个熵代价非常高昂，而在实际中的熵代价更高。进一步注意到，外行组装时钟所需的信息是人类制造的动态人工类型信息，而不是自然物理定律产生的静态类型信息。

至于后续的问题：外行人实际上需要多长时间组装时钟。他们需要很长的时间和精力（额外的能量）组装它；我猜想他们需要几天到几周的时间。

现在，让我们进一步扩展前面的例子：如果假设时钟的质量约 1 kg，那么实际上制造如图 3.9（a）所示的机械时钟需要多少能量？

我们假设转换过程能够发生，那么根据爱因斯坦质能方程，计算出来的能量大约相当于投在长崎的 1 000 颗原子弹。同样，从能量到质量的转换不会给我们一个时钟，而只是一定的质量。

如果进一步假设造物主可以预见到如图 3.9（a）所示的机械时钟，并且他们决定提前生产所有需要的原材料（如铁矿石等），并让人们处理剩下的任务，最终开发出一个时钟。在这种情况下，在将能量转化为质量的过程中，造物主需要大量的信息或熵生产所需的原材料。请注意，这一信息是由大自然的原子核反应和化学反应的结果（或偶然发生的机会）获得的。我们注意到，大自然（或造物主）拥有创造所有所需原材料的全部能量。但是，大自然却不能生产钟表、计算机、飞机这样的人造物体。这一定是造物主（大自然）把剩下的工作留给人类去完成开发时钟的工作的原因。

现在，假设我们拥有所有需要的原材料，但是在用于制造我们需要的所有零件之前，我们仍然必须对它们进行加工。这还不是工作的结尾，我们仍然需要更多的信息将这些零件组装成一个时钟。如果把前面提到的人类所提供的信息加起来，那将是一个很大的数目。因此，通过简单地将所需要的全部信息（大自然和人造的信息）相加，造物主将需要大量的熵来创建他/她所要的机械时钟。

在前面的例子中，我们看到即使造物主（大自然）拥有所有的能量，但是仍然不能创造人造物体。虽然人类是大自然的一部分，但是有些事情人类可以做到而大自然不能。

接下来的问题是，在地球上创造一只成年黑猩猩的能量和熵的代价是多少？再接下来是，如果没有基本的生存技能，这种生物在这个充满敌意的地球上生存的机会有多大？

这个问题比机械时钟的例子更复杂。同样，如果假设成年黑猩猩的质量约 40 kg，那么转换成质量的最小能量大约为 40 000 颗原子弹。创造这只黑猩猩所需的熵成本（如肉、血管、骨头、神经、DNA 等）将是巨大的。我们注意到，所有这些所需的信息主要来自动态的生物进化过程，而这不可能是由大自然的物理定律偶然创造的。因此，要立即创造出这只黑猩猩，需要耗费极大的熵。即使我们假设造物主可以立即创造出这种生物，如果没有基本的生存技能，在这个充满敌意的地球上这只黑猩猩最终存活下来的机会非常渺茫。

结　语

本章我们展示了科学和信息之间的神秘关系。因为每种物质都有价码，包括我们宇宙中的所有组成部分，所以在处理科学问题时，我们不能简单地忽略信息。我们已经表明，信息和熵之间有着深刻的联系。在这种联系中，信息和熵是可以相互转换的。由于熵是物理学中广泛接受的一个量，它使得信息更容易与科学联系起来。

现代物理学中最重要的两个支柱是爱因斯坦相对论和薛定谔量子力学。我们通过海森堡不确定性原理证明了它们之间存在着深刻的联系。其中我们看到，如果观察者能够跟上光速，观察时间窗口可以扩大。由于信息的不确定性关系，我们已经证明，每一条信息都需要时间和能量来传递、创造和观察。换言之，每 1 bit 的信息都必须付出代价。

我们进一步证明，数字通信中最重要的一个方面是以光速传送大量的信息。虽然海森堡不确定性原理是在侵入性观测的假设下推导出来的，似乎不会被违背。但是，这并不意味着我们不能利用确定性限度内的区域。结果表明，在一定范围内，波前重建和合成孔径雷达成像是切实可行的。

人类不能凭空创造什么，我们已经证明，原则上每一种物质都可以用大量的能量和大量的熵来创造。问题是：我们能负担得起吗？

参考文献

[1] C. E. Shannon and W. Weaver, *The Mathematical Theory of Communication*, University of Illinois Press, Urbana, IL, 1949.

[2] F. T. S. Yu, *Optics and Information Theory*, Wiley-Interscience, New York, 1976.

[3] F. W. Sears, *Thermodynamics, the Kinetic Theory of Gases, and Statistical Mechanics*, Addison-Wesley, Reading, MA, 1962.

[4] L. Brillouin, *Science and Information Theory*, 2nd edition, Academic Press, New York, 1962.

[5] E. Schrödinger, "An Undulatory Theory of the Mechanics of Atoms and Molecules," *Phys. Rev.*, vol. 28, no. 6, 1049 (1926).

[6] W. Heisenberg, "Über den anschaulichen Inhalt der quantentheoretischen Kinematik und Mechanik," *Zeitschrift Für Physik*, vol. 43, no. 3–4, 172 (1927).

[7] F. T. S. Yu, *Entropy and Information Optics*, Marcel Dekker, Inc., New York, 2000.

[8] D. Gabor, "Communication Theory and Physics," *Phil. Mag.*, vol. 41, no. 7, 1161 (1950).

[9] F. T. S. Yu, "Information Content of a Sound Spectrogram," *J Audio Eng. Soc.*, vol. 15, 407–413 (October 1967).

[10] F. T. S. Yu, *Introduction to Diffraction, Information Processing and Holography*, MIT Press, Cambridge, MA, 1973.

[11] D. Gabor, "A New Microscope Principle," *Nature*, vol. 161, 777 (1948).

[12] L. J. Cultrona, E. N. Leith, L. J. Porcello, and W. E. Vivian, "On the Application of Coherent Optical Processing Techniques to Synthetic-Aperture Radar," *Proc. IEEE*, vol. 54, 1026 (1966).

[13] A. Einstein, *Relativity, the Special and General Theory*, Crown Publishers, New York, 1961.

第 4 章

量子有限子空间通信

本章将展示信息传输可以在海森堡不确定性原理所定义的一个量子单元内进行，我们将这个量子单元称为量子有限子空间（QLS）。我们将展示 QLS 的大小是由载波带宽决定的：带宽越窄，QLS 的尺寸就越大，可以用于复振幅通信。通过了解 QLS 信息技术的利弊，可以开发更多创新的通信技术并应用于实践，如可以应用于 QLS 的安全信息技术。本章将说明相位共轭成像的思想。一个创新交流的新时代即将到来，将永远改变我们过去的交流方式。

4.1 动　机

目前的信息传输大多受到海森堡不确定性原理的限制，即

$$\Delta\nu\cdot\Delta t\geqslant 1 \qquad (4.1)$$

由下式给出的量子有限条件下的通信：

$$\Delta\nu\cdot\Delta t<1 \qquad (4.2)$$

尚未被充分利用。本章将证明在 QLS 中可以利用复振幅通信。这告诉我们，有很多方法可以创新地利用通信空间，在这些方法中，可以开发出新的通信思想以供实际应用。

4.2 时序子空间和信息

正如我们已经证明的，正是时间开启了我们时间子空间的创造，而创造的子空间并不能换回被用于创造的时间。理解我们生活的子空间的本质是：人类不能凭空获得，总要付出代价，即能量 ΔE、时间 Δt 和熵 ΔS。接下来一个非常基本的问题是，我们能负担得起吗？

通过不确定性原理，我们看到每一条信息都需要一定的能量 ΔE（或等效的带宽 $\Delta\nu$）和一段时间 Δt 传递。最低限值由下式给出：

$$\Delta\nu\cdot\Delta t=1,\quad \Delta E\cdot\Delta t=h \qquad (4.3)$$

不确定性原理意味着：如果在不确定极限的约束下观察粒子，则可以获得可靠的信息。不确定性原理还意味着：由于受普朗克常量 h 限制，我们不能观察到精确的粒子能量变化 ΔE 和时间分辨率 Δt。或者等效地，我们不能同时确定被观察的粒子的频谱分辨率 $\Delta\nu$ 和时间分辨率 Δt。在这种情况下，海森堡不确定性原理代表了一个信息技术极限；正如 Gabor 所指出的，他将这一限制命名为信息单元或洛根（Logan），如图 4.1 所示。

图 4.1 中，V_m 和 t 是时间信号的波长和时间限制。这种波长—时间图可以细分为基本信息单元，每个单元都受不确定性关系的下界（$\Delta\nu\cdot\Delta t=1$）的限制。

为了确认它受海森堡不确定性原理的限制，图 4.2 展示了一组由贝尔实验室声谱仪生成的语音频谱图。可以看到，时间分辨率 Δt 和频谱分辨率 $\Delta\nu$ 不能同时变得精细，显示出频谱图受到海森堡不确定性原理（$\Delta\nu\cdot\Delta t=1$）的限制。

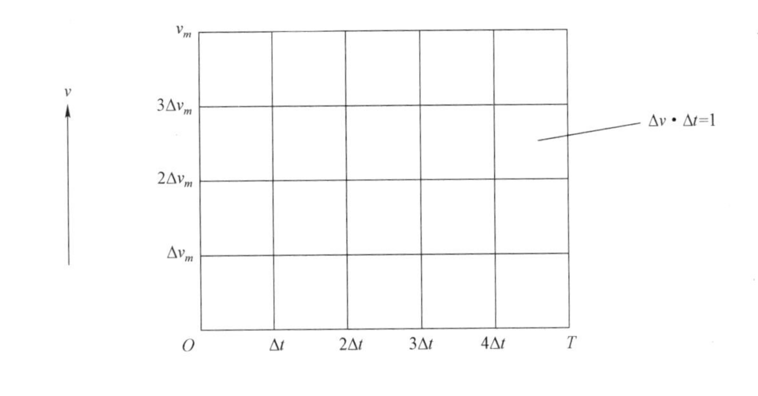

图 4.1　Gabor 信息单元

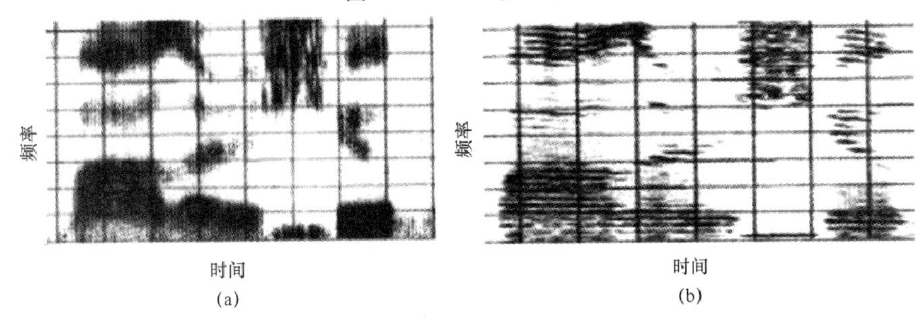

图 4.2　宽带和窄带语音谱图

（a）宽带语音谱图：分析滤波器带宽 $\Delta v=300$ 周期/s；

（b）窄带语音谱图：分析滤波器带宽 $\Delta v=100$ 周期/s

我们进一步强调：海森堡不确定性原理表明，每一位信息的传输都需要能量 ΔE（或带宽 Δv）与时间间隔 Δt。事实是（ΔE，Δt）和（Δv，Δt）都是实量。这绝不意味着复数域内的观察（或通信）不能在确定性领域内被利用，在后面的章节中我们将对此进行说明。

4.3 量子单位

信息技术基本上分为两种类型的：一种受不确定性原理的限制；另一种受确定性关系的约束。这些信息技术体系之间的界限由式（4.3）给出，为此这个极限称为量子单位。我们注意到，量子单位的形状不是关键，只要它分别受到 1 或 h 的限制。我们看到，Δv 和 Δt 可以简单地转换。然而，海森堡不确定性原理的信息技术的重要之处在于，信息是通过强度（振幅平方）的变化传递的，而复振幅信息技术并未被使用。我们自然会产生这样的疑问：是否有可能利用复振幅信息在不确定性极限以外（在确定性范围内）的领域传输可靠信息？这个问题的答案是肯定的，我们将在下面予以说明。

然而，这两种通信机制之间有很大区别。目前的信息技术大多属于海森堡不确定性通信机制。例如，数字信息技术是广泛使用的典型例子之一，它依赖于强度变化传递数字信息。虽然，前面已经提供了在量子单位（确定性区域）内利用复振幅进行信息技术的证据，如 Gabor 的波前观测和合成孔径雷达成像技术。但是，利用这种区域进行复振幅通信还没有被人们所认识，其能力也没有得到充分研究。

4.4　量子有限子空间

我们的宇宙中的每个时序子空间都可以用 $r=c\cdot\Delta t$ 描述，其中，r 为子空间的半径，光速 c 为当前的极限。然后，QLS 被确定性关系所限制，该确定性关系可以表示为图 4.3 所示的 QLS（或单位量子子空间），图 4.3 分别给出了（ΔE, Δt）和（Δv, Δt）表示的一组矩形 QLS 和球形 QLS。

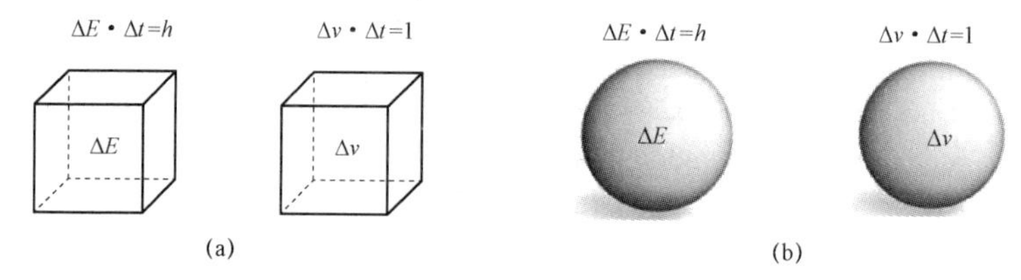

图 4.3　矩形和球形（QLS）

（a）矩形表示，边长$=c\cdot\Delta t$；（b）球面表示，半径 $r=c\cdot\Delta t$

由于载波带宽 Δv 和时间分辨率 Δt 是可转换的，我们看到 QLS 的大小随着载波带宽 Δv 的减小而增大。换句话说，较窄的载波带宽 Δv 对于 QLS 复振幅信息传递具有较大的优势。

另外，信息技术受到海森堡不确定性原理约束，最小化 QLS 的大小可以获得较窄的时间分辨率 Δt 以进行快速通信，如图 4.4 所示。我们看到，确定性原理下的通信尽可能最大化 QLS，从而可以利用更大的（复振幅）通信空间。

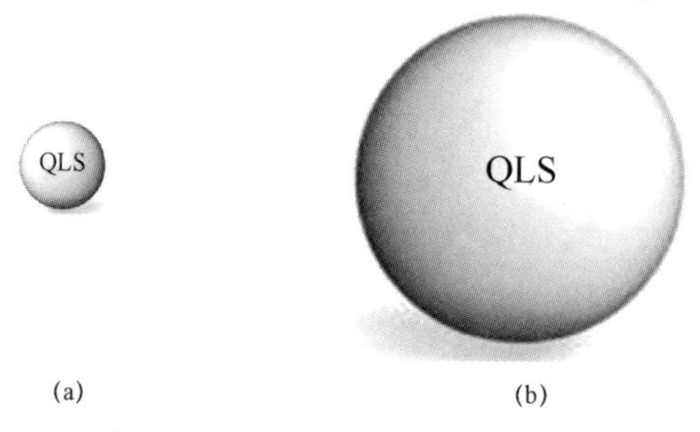

图 4.4　最小化 QLS 和最大化 QLS

（a）最小化；（b）最大化

再次强调，将 QLS 用于信息传输的一个重要方面是复振幅可以在子空间内传输。例如，应用于复波前构造（全息记录），其中复振幅信息可以被再现以进行观察和处理，如范德卢格的复匹配滤波器合成。另外，不确定性约束下的信息传输在于提高数字传输速率，其中载波带宽越宽则信息传递速率越快。

信息既可以在 QLS 内传输，也可以在 QLS 外传输。对于时间—数字传输，我们可以使用较宽的载波 Δv：其优点是获得较窄的 Δt 可以实现快速传输；缺点是较宽的带宽更容易受到噪声干扰。对于频率—数字传输，我们倾向于以较大 Δt 为代价实现窄带宽 Δv 传输，这具有噪声干扰小的优点，但是传输所需的 Δt 较长。模拟信号传输对于时间—数字或频率—数字传输具有更高的信息容量。然而，使用数字信号传输的优点是它可以重复，而模拟信号传输则不能。使用数字信号传输的主要优点之一是抗噪声，然而代价是信息容量。无论是时间—数字传输还是频率—数字传输，它们基本上都是利用海森堡不确定性原理限制的强度传输（ΔE），它们等同于 QLS 外部的信息传递。我们将证明：在 QLS 中可以利用复振幅信息。

4.5　QLS 内信息传递示例

为了证明复振幅可以在 QLS 中实现，我们展示了如图 4.5 所示的波前重建结果。其中，一步彩虹全息图是使用一组相干性长度约为 6 英寸的氩激光器和氦-氖激光器制作的，其大小约为通信（观察）用的 QLS。

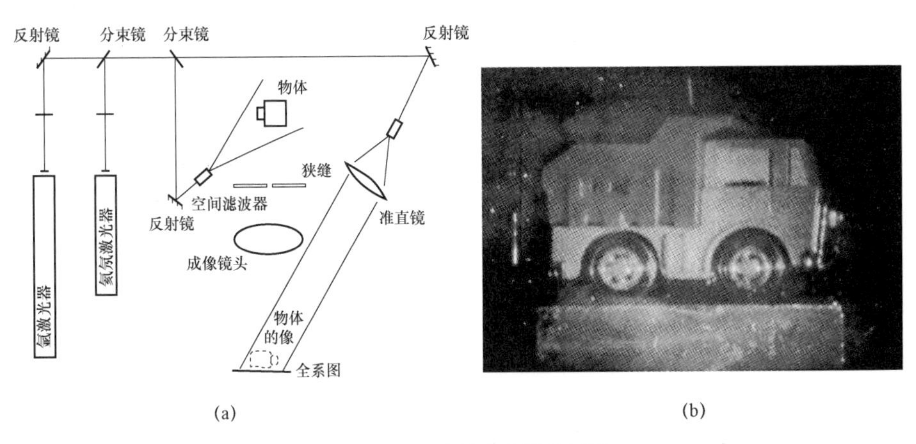

图 4.5　QLS 内信息传递的示例

（a）实验装置；（b）三维彩色全息图像

图 4.6 所示的合成孔径雷达是 QLS 信息传递的另一个例子。因为微波天线可以被设计成具有非常窄的载波带宽 Δv，并且它的相干长度 $d=c\Delta t$ 可以轻易地达到几

十万英尺。换句话说，实际上用于复振幅通信的 QLS 可以非常大。其中，从目标反射的每个返回脉冲的复波前都同时携带着正交距离的目标分辨率。正是每次从目标反射的每个脉冲载波的每个复杂波前形成了用于成像的二维格式，如图 4.6（b）所示。换句话说：返回的正交距离的目标成像到 y 方向，复波前按照 x 方向进行采样，以形成空间编码直方图。从记录格式来看，它基本上是一个倾斜的一维全息图，其中反射波前被顺次采样到记录胶卷的 y 方向上，并且它可以用于成像，如图 4.6（c）所示。图 4.6（d）所示为通过使用侧视雷达成像技术获得的合成孔径雷达图像，其中通信子空间（QLS）远超过 60 000 英尺。在这个例子中，复振幅信息传递可以用于遥感；载波带宽 $\Delta\nu$ 越窄，信息传输的 QLS 越大。

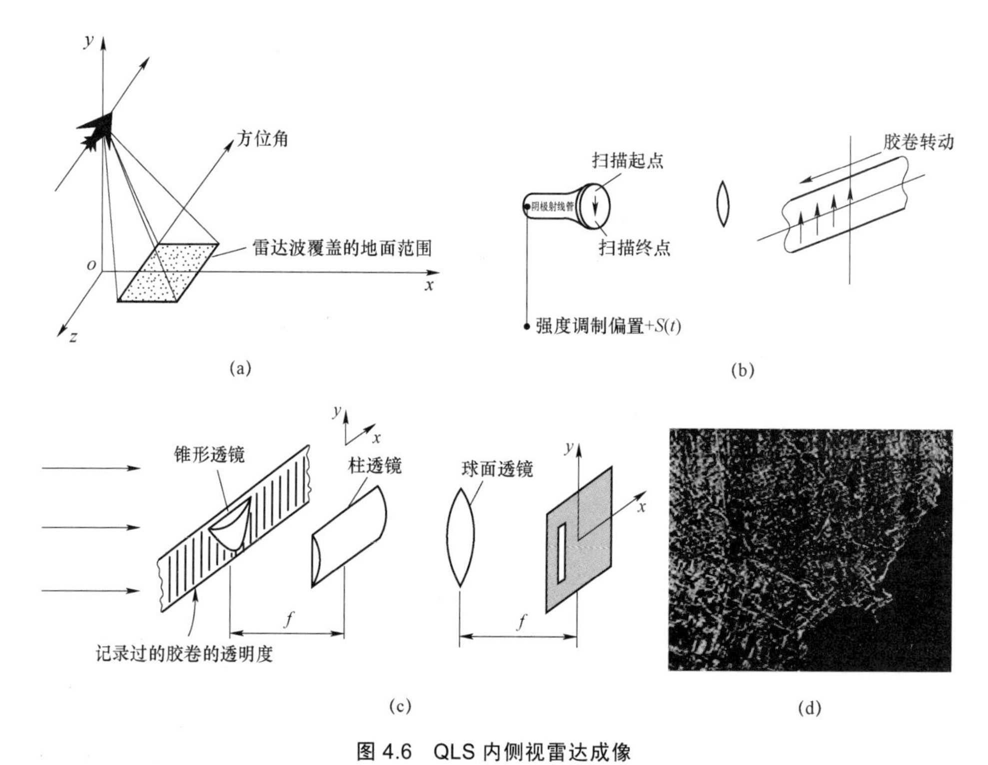

图 4.6　QLS 内侧视雷达成像

（a）侧视雷达；（b）记录返回的雷达信号；（c）合成孔径雷达成像的光学处理；（d）合成孔径雷达图像

4.6　QLS 内的信息安全传递

在大多数实际应用中，发送端提供一个载波（如电磁波或声波）将信息传输到接收端，出于安全考虑通常会对信息进行加密。安全性是当前通信技术的主要发展方向之一。但是，安全性越高，用于加密的信息就越长，这意味着加密需要额外的时间和精力。然而，安全性也可以通过使用不同的信息载体来实现。也就是说，并非由发送端提供信息载体，而是由接收端提供载体从发送端那里获取消息。以这种方式可以更安全地传递信息。

假设一个如图 4.7 所示的信息传递场景，在这个场景中，接收端发送载波脉冲从发送端接收消息。我们假设发送端使用复角反射器阵列将空间信息附加给接收端，信息通过返回脉冲嵌入反射波前中。如果进一步假设接收端将载波分成两个脉冲：一个被发送以拾取消息；另一个与返回的脉冲波前相干叠加。只要脉冲载波的传播距离在通信者之间的 QLS 内，则在接收端可以使用波前重构的思路来展开嵌入的消息。在 QLS 内通信的优势之一，是可以在不使用消息加密的情况下传输机密信息。

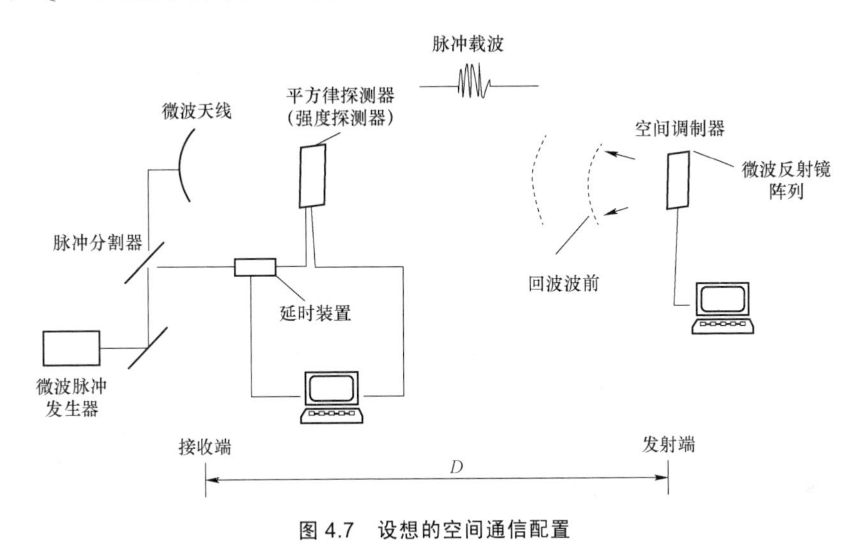

图 4.7 设想的空间通信配置

满足相干要求是在 QLS 内可以传输复振幅波前的条件。注意，如果两个通信者之间的距离超过脉冲载波的相干长度（$\Delta d > c/\Delta \nu$），则返回载波的波前不太可能或根本不可能展开。由于窃听者不能产生与消息嵌入处的返回脉冲波前相关的互相干脉冲载波，所以信息在 QLS 内自然受到波传播的互相干理论的保护。因此，如果接收端发送“签名载体”接收消息，则可以在 QLS 中安全地传输机密消息。当然，我们需要假设发送端事先知道签名脉冲载波。此外，还可以实现信息传输的额外保护。例如，可以在脉冲载波中添加使用跳频（扩频）技术。人们还可以使用信息加密来进一步加强的安全性等。

再次强调，与传统的发送端通过载体发送信息不同，安全通信方式的主要区别在于由接收端提供载体接收信息。通过这种方式，可以更安全地传输信息，而无须进行信息加密。

| 4.7 相位共轭信息传递 |

本节提供另一个例子，即利用多模光纤的相位共轭来实现信息传递，如图 4.8 所示。我们知道，空间传输分辨率取决于光纤的模数；模数越高，通过光纤传输的空间分辨率就越高。然而在实践中，尽管原则上图像的信息内容仍然存在，但是输出图像会受到严重干扰而无法识别。虽然，原则上使用相位共轭照明并通过完全相同的光纤发射加扰图像可以对被干扰的图像进行解读。但是，这么做有一个很大的困难：就算有完美的试验设备，我们也无法获得完全相同的光纤。

为了避免使用全同的光纤，我们可以简单地交换发送端和接收端的位置，如图 4.8 所示。其中，假设接收器首先在输入平面 P1 向多模光纤发射空白图像（没有信息内容），如图 4.8 所示。那么，可以在输出平面 P2 看到来自输入空白图像的加扰图像。如果假设全息图在输出平面 P2 上形成，那么通过相干共轭照射全息图，加扰空白图像的共轭波前（反向共轭复波前）可以发射回多模光纤中，如图 4.8 所示。因此很容易看到，在输入平面 P1 上可以观察到解扰的空白图像。让我们在平面 P2 全息图的后面放置一个显示在液晶面板上的强度图像，并使用相同的共轭照明。假设在相干性要求范围内，光纤的长度口在下式给出的 QLS 范围内，我们预期在输入平面 P1 看到放置的图像，即

$$D \ll c / \Delta v \tag{4.4}$$

式中：D 为光纤的长度；c 为光速；Δv 为光源的载波带宽。

因此，在原理上可以使用相位共轭照明将信息从发送端发送到接收端。可以预料到，这一创意将在 QLS 内展现出许多新的通信方式。

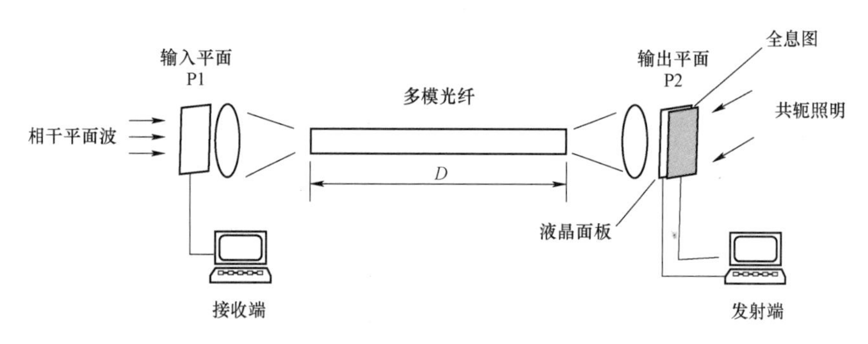

图 4.8 虚拟的相位共轭信息传输

4.8 相对论通信

根据爱因斯坦狭义相对论，运动子空间中的相对论时间会发生变化，即

$$\Delta t' = \frac{\Delta t}{\sqrt{1 - v^2 / c^2}} \tag{4.5}$$

式中：$\Delta t'$为运动子空间的相对论时间窗口；Δt 为静止子空间的时间窗口；v 为运动子空间的速度；c 为光速。

相对于静止子空间的时间窗口 Δt，运动子空间的时间膨胀 $\Delta t'$随着速度的增加而变宽。例如，1 s 的时间窗口 Δt 相当于 10 s 的相对时间窗口 $\Delta t'$。这意味着，移动子空间内的 1 s 时间消耗相对于静止子空间内的约 10 s 时间消耗。

现代物理学中最重要的两个分支是爱因斯坦相对论和薛定谔量子力学：一个用于处理宏观物体（如宇宙）；另一个处理微观粒子（如原子）。它们之间存在着深刻的关系，这个关系理借助海森堡不确定性原理给出：

$$\Delta v \cdot \Delta t \geqslant 1 \tag{4.6}$$

式中：Δv 为光谱带宽；Δt 为相应的时间分辨率。

式（4.6）表示可靠的信息传输位的不确定性关系，其中我们看到 Δv 和 Δt 可以简单地转换。例如，对于时间—数字传输，载波带宽 Δv 越宽，时间分辨率 Δt 越窄；对于频率—数字传输，载波带宽 Δv 越宽，时间分辨率 Δt 越窄。根据时间膨胀方程，爱因斯坦相对论和薛定谔量子力学之间的关系可以写为下面的相对论不确定性关系：

$$\frac{\Delta v \cdot \Delta t}{\sqrt{1 - \left(\frac{v}{c}\right)^2}} \geqslant 1 \tag{4.7}$$

从运动子空间看，时间窗为 $\Delta t'$ 相对于静止子空间的时间窗为 Δt 有所扩大（$\Delta t' > \Delta t$）。这意味着，如果使用从静止子空间发送到运动子空间的时间—数字格式，则在接收端（移动子空间）的时间分辨率将提高以实现更快的时间—数字传输。

由于运动对象内的频谱分辨率比静止子空间有所提高（更窄），因此可以使用从运动子空间到静止子空间的数字–频率传输，可以获得更精细的频谱分辨率。正如我们在前面所介绍的，原则上复振幅也可以在 QLS 内利用，获得从运动子空间到静止子空间的相对论性较窄带宽。

相对论信息传输有两种主要策略可供选择：一种是使用更宽的载波带宽 Δv；另

一种是使用更窄的载波带宽。正如我们已经表明的，更宽的载波带宽更容易受到噪声扰动的影响。由于载波辐射器的带宽与其辐射频率大致成正比，载波频率越高，辐射带宽就越高。于是有很大范围的光谱载波可供选择，以进行相对论信息传输。通过发挥相对论时间窗的优势，人们将使用较高的频率从运动平台到静止平台进行数字–时间传输，而使用较低的频率载波从静止平台到移动平台进行数字频率传输。

4.9 可靠的信息传输

通信技术的一个重要方面是信息传输的可靠性，即传输中接收者能够以很高的确定性获得可靠的信息。信息传输有两个主要方式：一种是由维纳（Wiener）发明的；另一种是由香农（Shannon）提出。维纳和香农通信具有相同的概率基础，但是它们之间有很大的区别。维纳通信的方式是，如果信号（信息）被某些物理手段（如噪声或非线性失真）破坏，则可以从被破坏的信号中恢复信息。为此，维纳发展了相关检测、最优预测、匹配滤波等理论。然而，香农通信向前迈出了一步。他证明只要对信息进行适当编码，信息就可以得到最佳传输。这意味着，需要传输的信息可以在传输前和传输后进行处理。他首先证明了编码过程可以对抗通信信道内的干扰；然后对编码信息进行适当的解码，从而使接收到的信息得到最佳的恢复。为此，香农发展了信息测量、信道容量、编码过程等理论。换言之，香农的信息传输是对通信信道的有效利用。因此，我们看到维纳和香农信息传输之间的基本区别是：维纳通信实际上假设所讨论的信号在被噪声污染后可以被处理；而香农信息传输则表明信息在通过信道传输之前和之后都可以被处理。然而，这两个信息传输方式的主要目标基本相同，即可靠的信息传输。

量子纠缠研究者们开始利用态叠加原理进行通信。除了基本原则是无时的（它不存在于我们的时序宇宙中，正如第 5 章所述），这种信息传递的基础是不符合逻辑的。量子力学中的态叠加原理意味着原子粒子的多量子态同时发生，量子物理学家认为我们可以利用它进行信息传输。这是量子科学家希望利用这一个奇妙现象进行通信以及量子计算的主要动机。例如，对于量子纠缠通信，他们假设从发送端接收到的信息（如二进制形式）越是模糊（模棱两可），信息传输越好，这与可靠信息传输的目的相违背。可靠信息传输的发送端希望消息能更可靠地传输给接收端。这正是使用高信噪比载波或长冗余信号和其他信号的原因，因为这样可以将不含糊（明确）的信息传递给接收端。发送端的目的并不是向接收端发送一个不明确的信息后让后者去推断消息内容。

除了叠加原理在我们的时序宇宙中物理上难以实现之外，将叠加原理用作量子纠缠通信的机理也是不合逻辑的，至少从信息传输的角度来看是这样。例如，对于一个信息源，我们想要更大的“信息容量”，这意味着信息源越“不确定”，信息源提供的信息内容就越多。另外，作为接收器接收到的信息越“确定”，到达接收器的信息内容量就越少。换句话说，如果发送端发送一个“1”的信号，发送端希望接收端能够获得更高的确定性。然而，在量子通信中情况正好相反，发送端希望接收端接收一个模糊的（可靠的）信息，以便接收端猜测发送端发送了什么。

结　语

我们已经表明，每一个信息都受到 Δv 和 Δt 的限制，我们称为量子单位。由于每一个时序子空间都用 Δv 和 Δt 描述，这个单位可以翻译成 QLS，正如确定性原理所强加的那样。我们已经表明，信息传递可以在 QLS 以内和以外进行，这相当于在不确定性条件和确定性条件下的通信。我们已经表明，QLS 的大小是由载波带宽 Δv 决定的；对于复振幅通信，载波带宽越小，QLS 的尺寸越大。我们注意到，宽带载波在不确定条件下更有利于信息传递，而使用窄带载波为复振幅信息传递提供了更大的 QLS。换句话说，宽带载波更适合处于不确定条件下的快速信息传递。然而，使用窄带载波为信息传递提供了更大的 QLS。我们还注意到，载波带宽越宽，传输速率越高，但是更容易受到噪声干扰。另外，带宽较窄的载波提供了较大的 QLS，但是降低了传输速率。此外，我们已经表明，如果没有信息加密，信息传递可以安全地在 QLS 内部进行通信。我们还介绍了一个例子，即空间信息原则上可以使用相位共轭照明用多模光纤传输。我们还表明，运动子空间之间的相对论通信原则上是可以实现的。利用海森堡不确定性原理，数字—时间和数字—频率信息传输的不同传输方案是可以实现的。可靠信息传输是接收机可以接收到更可靠的信息，而利用量子叠加原理进行信息传输使得接收到的信息更加模糊，这不是一种可靠的信息传输技术。最后，我们预测，一个利用 QLS 进行创新信息传播的新时代正在到来。预计它将永远改变我们曾经的通信方式（以及观察和计算方式）。

参考文献

[1] W. Heisenberg, “Über den anschaulichen Inhalt der quantentheoretischen Kinematik und Mechanik,” *Zeitschrift für Physik*, vol. 43, 172 (1927).

[2] F. T. S. Yu, “Time: The Enigma of Space,” *Asian J. Phys.*, vol. 26, no. 3, 149–158 (2017).

[3] D. Gabor, "Theory of Communication," *J. Inst. Elect. Eng.*, vol. 93, 429 (1946).

[4] D. Dunn, T. S. Yu, and C. D. Chapman, "Some Theoretical and Experimental Analysis with the Sound Spectrograph", Communication Sciences Laboratory, Report 7, University of Michigan (August, 1966).

[5] F. T. S. Yu, "Information Transmission with Quantum Limited Subspace," *Asian J. Phys.* vol. 27, 1–12 (2018).

[6] D. Gabor, "A New Microscope Principle," *Nature*, vol. 161, 777 (1948).

[7] L. J. Cultrona, E. N. Leith, L. J. Porcello, and W. E. Vivian, "On the Application of Coherent Optical Processing Techniques to Synthetic-Aperture Radar," *Proc. IEEE*, vol. 54, 1026 (1966).

[8] A. Vander Lugt, "Signal Detection by Complex Spatial Filtering," *IEEE Trans. Inform. Theory*, IT-10, 139 (1964).

[9] F. T. S. Yu, A. M. Tai, and H. Chen, "One-step Rainbow Holography: Recent Development and Application," *Opt. Eng.*, vol. 19, no. 5, 666–678 (1980).

[10] A. R. Hunt, "Use of a Frequency-Hopping Radar for Imaging and Motion Detection through Walls," *IEEE Trans. Geosci. Rem. Sens.*, vol. 47, no. 5, 1402 (2009).

[11] F. T. S. Yu, *Introduction to Diffraction, Information Processing and Holography*, Chapter 10, MIT Press, Cambridge, MA, 1973.

[12] A. Einstein, *Relativity, the Special and General Theory*, Crown Publishers, New York, 1961.

[13] E. Schrödinger, "Probability Relations between Separated Systems," *Mathematical Proc. Cambridge Phil. Soc.*, vol. 32, no. 3, 446–452 (1936).

[14] N. Wiener, *Cybernetics*, MIT Press, Cambridge, MA, 1948.

[15] N. Wiener, *Extrapolation, Interpolation, and Smoothing of Stationary Time Series*, MIT Press, Cambridge, MA, 1949.

[16] C. E. Shannon and W. Weaver, *The Mathematical Theory of Communication*, University of Illinois Press, Urbana, IL, 1949.

[17] K. Życzkowski, P. Horodecki, M. Horodecki, and R. Horodecki, "Dynamics of Quantum Entanglement," *Phys. Rev.* A, vol. 65, 012101 (2001).

[18] T. D. Ladd, F. Jelezko, R. Laflamme, C. Nakamura, C. Monroe, and L. L. O'Brien, "Quantum Computers," *Nature*, vol. 464, 45–53 (March 2010).

第 5 章

薛定谔猫和无时（$t=0$）量子世界

现代物理学中最著名的猫一定是薛定谔猫，这只猫在我们观察盒子之前是生死未卜的。自 1935 年薛定谔在哥本哈根论坛上揭示这一现象以来，他的半生猫悖论已经困扰了量子物理学家 80 多年。自从这个发现以来，这个悖论一直在爱因斯坦、玻尔、薛定谔和其他许多著名物理学家的争论中，直到现在。我们已经找到了这个悖论的原因，我们将在本章中予以说明，薛定谔猫的假设根本不是一个悖论。其原因在于他引入盒子里的是无时间放射性粒子，因为无时空间和时序空间是相互排斥的。本章将证明整个薛定谔的量子世界是无时的（$t=0$），薛定谔叠加原理是无时的，这是因为薛定谔量子力学是建立在一个空的子空间内的。本章还将强调，薛定谔方程是一个数学方程，它的主要目的是利用粒子波二象性计算粒子的量子动力学。类似于麦克斯韦方程组，量子力学的解必须满足我们宇宙的边界条件：维度、时间和因果关系（$t>0$）条件。

5.1 引　言

科学中最著名的猫之一一定是量子力学中的薛定谔猫，在薛定谔量子力学中，猫可以同时活着或死去，除非我们去观察薛定谔的盒子。1935 年，薛定谔披露了薛定谔猫的生命，这让量子物理学家困惑了 80 多年。本章将证明猫的生命悖论主要是由于假设的亚原子模型被浸没在一个无时的空白空间中（$t=0$）。这是自 1913 年玻尔提出以来，所有的粒子物理学家、量子科学家和工程师已经使用了一个多世纪的原子模型。然而，我们的宇宙（我们的家园）是一个时序空间，它不允许有任何无时的子空间。本章将展示通过将一个亚原子模型嵌入到一个时序子空间，而不是一个无时的子空间，情况是不同的。我会告诉你，薛定谔猫只能是活的或者是死的，但是不能同时，不管我们看不看薛定谔的盒子。由于整个量子空间是无时的（$t=0$），基本叠加原理不存在于我们的时序空间中，而只存在于一个无时的虚拟空间中。这并不是说无时的量子空间是一个无用的子空间；相反，只要它不面临时间和因果关系条件，它就产生了许多实用的解决方案。简言之，我们发现薛定谔猫不是一个物理上可实现的假设，薛定谔量子力学以及叠加原理是无时的，其行为就像数学一样。

我们的时序宇宙（也就是依赖于时间的宇宙）的一个重要性质是，一个人不能从无到有，总有代价要付出。例如，任何时序子空间（或每 1 bit 的信息）都需要能量和时间创建。而被创造的子空间（或物质）不能换回创造过程所花费的时间段。每个时序子空间不能是绝对空的子空间，任何绝对空的空间都不能包含时序子空间。在我们的时序宇宙中，任何科学的真实性都要被证明，除非经过可以重复的试验，否则它就是虚构的。换句话说，任何解析解都必须满足宇宙的基本边界条件：维度、时间和因果条件。科学是一种近似定律，而数学是绝对确定性的公理。使用精确数学评价不精确科学不能保证解存在于我们的时序子空间中。科学也是逻辑的公理，没有逻辑则科学就没有实际应用的价值。

此外，所有的基础科学都需要不断的修改。例如，科学已经从牛顿力学发展到爱因斯坦相对论和薛定谔量子力学。而基本规律的美必然有着数学上的简洁性，这样才能容易理解复杂的科学逻辑和意义。这些优点对推广科学研究和应用具有重要的意义。事实上，所有的科学定律都是点奇异近似，所有的定律都注定会发展和修订。

然而，实际上所有的粒子科学都是从点奇异模型发展而来的，没有维度和坐标。但是，原子模型是“无意”嵌入到一个空的无时子空间中的（$t=0$），如

图 5.1 所示。实际上，尽管薛定谔在建立他的量子力学方面所做的工作十分出色。但是，他的模型只提供量子态能量辐射 $h\nu$，我们可以预料从这个模型可以产生的新信息是有限的。

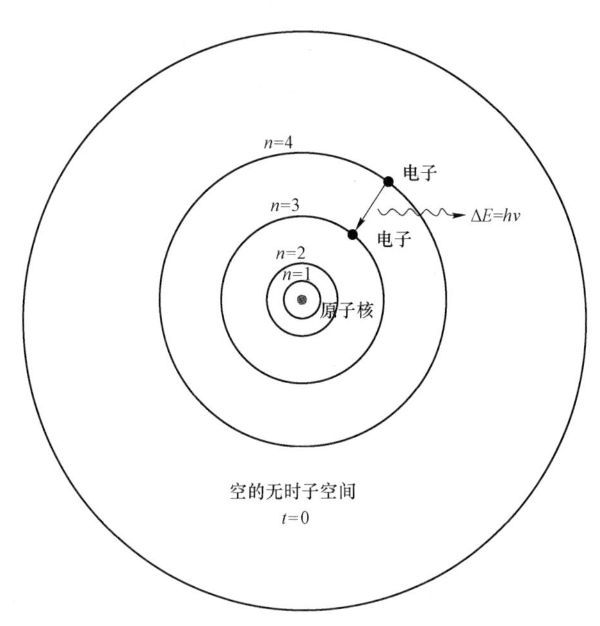

图 5.1　孤立的玻尔原子模型（或无时模型）

h—普朗克常量；ν—辐射频率

从图 5.1 可以看到，原子核和电子是由无维度的奇点表示的。我们可能不知道这个模型实际上不是一个物理上可实现的模型，因为所处的背景是一个无时的空白子空间。然而，无时的空白子空间不能存在于我们的时序宇宙中。虽然玻尔的原子模型自其原子诞生以来就一直被使用的，但它被错误地解释为处于一个绝对空的无时子空间中。严格地说，从整体上讲，它不是一个物理上正确的模型，而且解决方案也不能特别用于直接面临因果关系条件的情况。其原因是，无时子空间模型不能存在于我们的时序子空间内。

另外，图 5.2 所示的任何原子模型都是物理上可实现的模型，至少满足我们的宇宙中的因果关系条件。其中，我们看到玻尔原子嵌入一个时序子空间（如我们的宇宙）中。

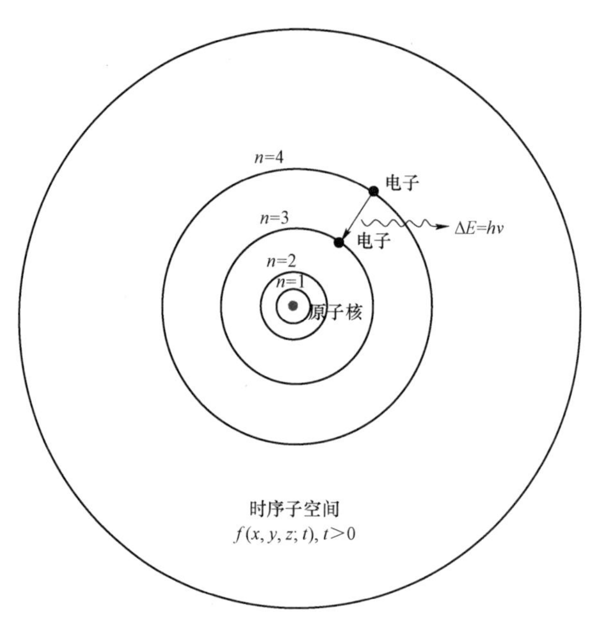

图 5.2　嵌入时序子空间的孤立原子模型（或时序原子模型）
（f（x，y，z；t），$t>0$ 表示三维空间和时间 t 的函数，t 作为向前变量）

| 5.2　物理模型的缺陷 |

基本上所有的模型都是近似的。例如，原子模型的奇点近似具有简单表示的优点，但是它偏离实际物理维度，从而导致解的准确性出现问题。其次，物理模型嵌入在一个无时的（$t=0$）子空间是绝对不正确的，因为每个物理子空间都是一个时序（$t=0$）子空间，它不能与时间独立子空间或无时（$t=0$）子空间共存。现在，我们可以定义时间独立空间和无时空间：时间独立空间是将时间视为一个自变量；而无时空间（$t=0$）则视时间为“非”变量。例如，牛顿空间是一个时间独立空间，而空白空间是一个无时空间。因此，从图 5.2 所示的无时子空间中嵌入的物理模型获得的解是不可行的物理模型，并且它一定具有不完整或虚构的解。事实上，除了点奇异性问题之外，另一个重要原因是在我们的时序宇宙中必须遵守时间因果关系条件。如图 5.1 所示，模型不是物理可实现的模型，因为时间依赖（或时序）原子不能存在于绝对空白的无时子空间内。正如我们将展示的，它产生类似于将时间量子力学置入非时序子空间这样的物理上不可行的解决方案。

另外，参考图 5.2，时序（时间相关的）原子模型嵌入时间相关子空间是可实现的物理模型。其中，由我们的时序子空间施加的时间或因果关系要求包括在内。事实上，我们的宇宙是由一次宇宙大爆炸产生的，并遵循着物理定律，它是一个时序宇宙。因此，我们的时空中的任何物理系统都必须遵循时间规律（或因果关系条件）。换言之，每一个物理科学都必须在我们的宇宙（我们的家园）中得到时序上的证明，否则它就是一个虚拟的科学。

5.3　薛定谔方程

量子力学中最重要的方程之一是薛定谔方程：

$$\frac{\partial^2\psi}{\partial x^2}+\frac{8\pi^2 m}{h^2}(E-V)\psi=0 \tag{5.1}$$

式中：ψ 为薛定谔波函数；m 为质量；E 为能量；V 为势能；h 为普朗克常量。

薛定谔方程描述随物理系统随时间的变化，其中发生量子效应（如波粒二象性）是显著的。然而，薛定谔方程的推导是基于浸没在无时的空白空间的点奇异无维度原子模型中。我们已经看到了一个存在矛盾的悖论，通过这个悖论可知，用于推导著名薛定谔方程的模型在物理上是不正确的，因为一个依赖于时间的原子结构无意中被浸没在一个绝对空的子空间中。为此，所计算出的薛定谔方程也是一个无时的（$t=0$）方程。需要强调的是，薛定谔方程是一个数学方程，主要是基于玻尔原子模型（位于一个空白子空间内）计算粒子的量子力学。薛定谔量子力学的确是一门数学，任何来自薛定谔方程的解都不能保证存在于我们的时序（$t>0$）宇宙中。

我们并非有意要使用永恒子空间的玻尔原子模型，但是由于玻尔原子模型已经被广泛接受，事实上我们一个多世纪以来仍然在使用这个模型。这可能是导致我们忽略基本假设的原因，即时间相关（时序的）子空间不应该嵌入永恒的子空间，因为它们是互斥的。然而，薛定谔方程的本质是，通过波函数预测作为动态粒子的粒子概率行为。换句话说，结果不是决定性的，而是结果的概率分布。但问题是，薛定谔方程是推导波动方程的物理上可靠的方程吗？答案是“否”。

由于薛定谔方程的推导是基于点奇异近似，这不是一个完美的假设，但是确实是一个可接受的良好近似。但是，玻尔原子模型嵌入的无时子空间产生了在时序（依赖于时间的）子空间中不可接受的无时解（$t=0$）。换句话说，由于薛定谔方程是一个无时的方程，于是从薛定谔方程导出的解应该是无时的。这与通常所说的薛定谔方程是与时间无关的方程不同，因为无时（$t=0$）意味着时间不是变量，而时间无关意味着时间是独立变量，尽管薛定谔方程中没有时间变量。因此，我们看到薛定谔量子力学是一种无时的（$t=0$，相对于绝对空白的无时子空间）力学，它不存在于我们的时序宇宙中。正如我们已经表明的那样，图 5.1 采用的模型不是物理上可实现的模型，薛定谔不应该使用它。正如我们将要展示的，薛定谔叠加原理是他的量子力学的“核心”，是无时的（$t=0$），并不存在于我们的宇宙中。

正如理查德·费曼所说：他认为他可以有把握地说，没有人懂量子力学。所以不要把他的讲座看得太重……。然而，在我们理解了困扰量子物理学家超过 80 年的薛定谔猫的缺陷之后，我们将进一步研究薛定谔猫的悖论。此刻我们已经改变了认识，可以这样说：我们已经了解了薛定谔的无时（$t=0$）量子力学应用于我们的时序（$t>0$）宇宙中的不一致性。

然而，当我试图推导一个波动力学，假设一个粒子位于一个时间子空间内，我不确定不会被复杂的数学计算埋没（目前我还没有尝试这样做）。我预计，新的结果至少暂时不会有回报。因为我认为我的结果不会比现在已经发展出来的薛定谔方程更好，因为玻尔原子模型被过度简化了，没有维度，只提供了量子态辐射 $h\upsilon$的少量信息。严格地说，量子态应该是 $h\Delta\upsilon$，因为每个物理辐射器都有有限的带宽。我确信，如果量子力学方程是使用图 5.2 的时序子空间模型发展的，我的解将符合因果条件（$t>0$）。

正如通过使用薛定谔方程计算粒子波函数所做的那样，我们可能需要重新解释这个解，以满足我们时序宇宙施加的因果关系约束。否则，计算出来的解决方案毫无实际用处。粒子同时存在的多量子态是从经典薛定谔叠加原理导出的典型例子之一。粒子同时存在多量子态是“虚构的”，不会发生。首先，从玻尔模型来看，它是一个没有维度的点奇异近似模型；其次，在我们的时序宇宙中，时间就是距离，距离就是时间。此外，每个量子态辐射（$h\Delta\upsilon$）本质上都是电磁的，并且具有不能同时发射所有量子态的带宽限制。这些都是向我们表明的明显的物理原因：经典叠加所承诺的同时存在的多量子态不能在时序（$t>0$）宇宙中存在。

下面，再分析图 5.1 中薛定谔基于发展他的方程的空白子空间的粒子模型。如果没有这样一个简化的点奇异模型，即使使用大量复杂的数学运算，也可能无法获得可行的解。虽然这些假设（在某种程度上）减轻了分析的复杂性，但是它也引入了不完整和错误的结果，这些结果可能不存在于我们的时序宇宙中。通过了解薛定谔的量子力学，它是一台无时的量子计算机，这是在一个无时的子空间中使用假想粒子模型的结果。因为实际上无时的物质不可能存在于我们的时序宇宙中，我们看到薛定谔猫的缺陷，以及整个薛定谔的量子世界，是由于嵌入的子空间是绝对空白空间的假设。我们不能简单地将一个无时的量子机器插入一个时序的（$t>0$）子空间。

| 5.4　泡利不相容原理和粒子纠缠 |

泡利不相容原理指出，具有相同量子态的两个相同粒子不能同时占据相同的量子态，除非这些粒子以不同的半自旋存在。然而，当一对粒子以不能独立描述粒子的量子态的方式相互作用时，量子纠缠发生，即使当粒子被分开很大距离时，量子态也必须由这对粒子作为一个整体来描述。

根据泡利不相容原理，粒子之间的确存在纠缠。但是，粒子之间的分离必须受到限制，因为粒子位于依赖于时间的子空间内（$t>0$）。我们再次看到，瞬时纠缠的缺陷来自假设的前提条件，即在无时（$t=0$）子空间中推导出的排斥原理。同样，时序子空间和无时子空间不能共存。换句话说，时间相关的粒子不能共存于一个无时子空间中。

瞬时量子纠缠是源于经典薛定谔叠加原理的典型例子之一。粒子之间的“瞬时”（$t=0$）纠缠是“虚构的”，不会发生在我们的时序子空间内。量子纠缠取决于半自旋粒子的量子态能量 $h \cdot \Delta \upsilon/2$，这显然是一种电磁波。因为在我们的宇宙中，时间就是距离，距离就是时间，所以纠缠不能超过光速，也不能是瞬时的（$t=0$）。实际上，量子纠缠距离受其带宽的限制。从所有物理证据来看，瞬时粒子纠缠是错误的，只存在于数学上的空白的虚拟空间中，因为叠加原理是无时的。

在离开永恒的问题之前，我们要指出，科学中几乎所有的基本定律和原理，如泡利的排斥性原理、薛定谔叠加原理、爱因斯坦能量方程等，都是无时的原理和方程。它们无意中假设存在于一个空无一物的无时环境中。

5.5 薛定谔猫

量子力学中最有趣的猫之一是薛定谔猫，几十年来它一直回避着粒子物理学家和量子科学家。下面，从图 5.3 所示的薛定谔盒子开始，盒子里装进了一瓶毒气和一个锤子来打破瓶子，由放射性粒子的衰变触发而杀死猫。因为盒子是完全不透明的，我们不知道猫是否会被杀死，正如薛定谔叠加原理所强加的，直到我们打开盒子。

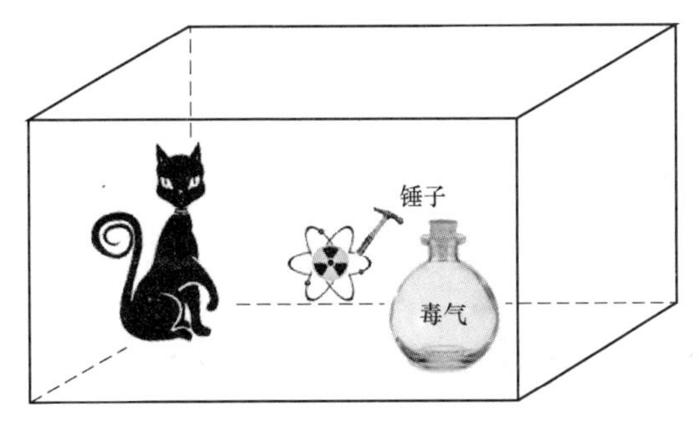

图 5.3 盒子里装进了一瓶毒气和一个锤子来打破瓶子，由放射性粒子的衰变触发而杀死猫

参考量子力学的叠加原理，这个原理告诉我们：叠加原理适用于原子粒子中的多量子态，其原理是量子力学的“核心”。换句话说，没有叠加原理，就不会有薛定谔量子力学。根据这一原理，假设盒子内的两种状态的放射性粒子实际上可以同时共存，并存在一个概率云（一件事和另一件事同时存在）。

因为假设的放射性粒子同时具有两种可能的量子态（衰变或非衰变），这是由量子力学中的叠加原理施加的。这意味着，在我们打开盒子之前，猫可以同时活着或者死去。

但是，一旦我们打开盒子，放射性粒子的叠加状态就会崩塌，这一点毫无证据！一瞬间，我们发现，盒子打开后，猫不是活着就是死了，但是不能两者都有。自 1935 年薛定谔猫诞生以来，量子力学中的这一悖论已经吸引了粒子物理学家和量子科学家 80 多年，薛定谔揭示了这一点，他在现代物理学中与爱因斯坦一样出名。

让我们暂时接受这个基本原理，即双量子态的放射性粒子叠加在盒子里。这里告诉我们，这个原理已经为自己创造了一个无时的（$t=0$）量子子空间或独立于时间的子空间。然而，无时的子空间不可能存在于我们的时间宇宙中。我们发现，薛定谔方程所得到的任何解（波函数）都违背了基本的叠加原理，使得无时的子空间存在于我们的时序（即时间依赖性）宇宙中。我们假设的放射性物质不可能存在于盒子中，因为两个量子态（衰变或非衰变）不可能同时出现在一个依赖于时间的子空间中。我们强调，时序子空间中的时间就是距离，距离就是的时间。

然而，这留下一个有待解决的问题：产生无时放射性粒子的源头在哪里？或者等价地，为什么薛定谔叠加原理是无时的（$t=0$），以致量子态同时存在（$t=0$）？答案很简单，玻尔原子模型嵌入的是一个无时的子空间，如图 5.1 所示。当我们继续寻找薛定谔猫悖论的根源时，下面给出一个等价的例子说明半命猫的悖论不是悖论。

| 5.6　薛定谔猫悖论 |

让我们用图 5.4 所示薛定谔盒子里的硬币代替二元放射性粒子。

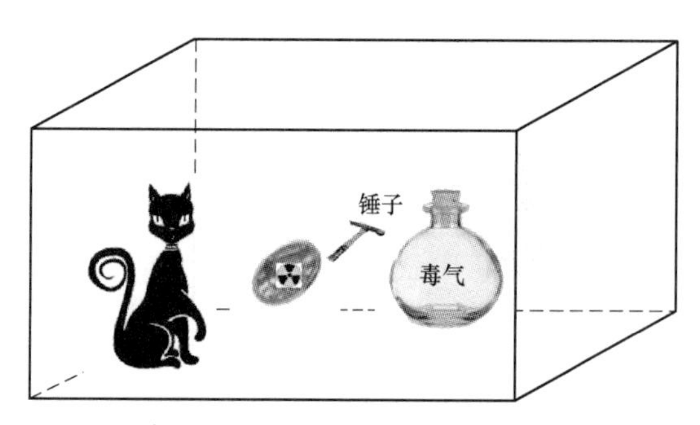

图 5.4　在薛定谔盒子里用掷硬币代替二元放射性粒子

因此，当硬币还未落下时，硬币是正面还是背面朝上是绝对不确定的。假设我们能够在时间 t'在空间中“冻结”抛硬币，那么抛硬币在处在一个时间 t'的无时的子空间中，这相当于一个双态无时粒子在时间 t'冻结。然后，一旦我们让硬币在相同的时刻 $t=t'$继续向下翻转，相对于硬币本身的时间应该“没有”损失时间，但是不是相对于盒子的时间。换句话说，盒子经过了一段时间 Δt，在这段时间里硬币的时间和盒子的时间有时间差。这就是为什么我们不能断定猫是死还是活，因为薛定谔自己认为他的基本原理是正确的。但是，一旦我们打开盒子，我们必须接受猫不是死就是活的物理后果，但是不可能两者都存在。我们推测薛定谔创造了一种逻辑来挽救他的基本原理，即当我们打开盒子时，放射性粒子量子态的叠加突然“塌缩”，而没有任何物理证据。否则，量子力学的核心无法与物理现实相适应。然而，在我们看来，这个基本原则的失败是由于一个无时的抛硬币“不能共存”在一个依赖于时间（$t>0$）的盒子里。

我们还注意到，如果在推导薛定谔方程时适当地增加时间约束（$t>0$），就有可能消除叠加的无时性。我们可以把无时的薛定谔方程变成一个依赖于时间的（$t>0$）方程。双态放射性粒子的薛定谔波函数可以分别表示为 $\psi_1(t)$和 $\psi_2(t+\Delta t)$，其中 Δt 代表它们之间的时间延迟。因为时间就是时序子空间中的距离，量子态不会同时出现（$t=0$）。此外，它们相互叠加态的程度可以表示为$<\psi_1(t)\psi_2^*(t+\Delta t)>$，其中“*”表示复共轭。当且仅当 $t=0$ 时，出现完美程度的相互叠加，这对应于放射性粒子的无时（$t=0$）量子态。

现在，让我们回到薛定谔盒子里的半死不活的猫，在那里放射性粒子假设处在一个无时的子盒子里，如图 5.5 所示。我们看到一个无时的（$t=0$）放射性粒子位于依赖于时间的（$t>0$）盒子内，这对于薛定谔猫来说“不是”一个物理上可实现的假设。事实上，无时的（$t=0$）子空间不能存在于时间相关的（$t>0$）空间（盒子）中。因此，我们再次证明薛定谔悖论不是悖论，因为假设的叠加是无时的，它在时序宇宙中物理上不可实现！

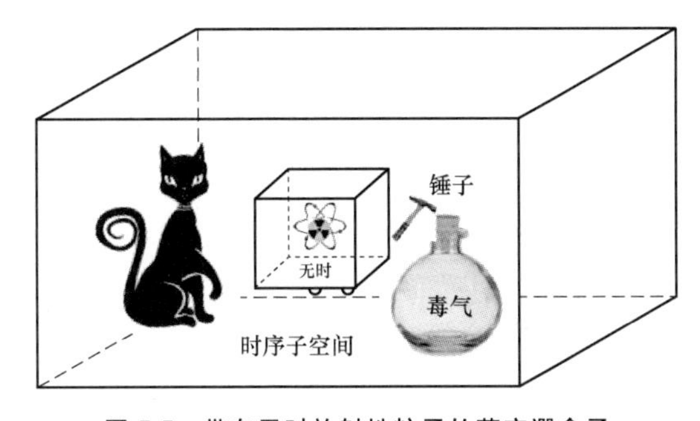

图 5.5 带有无时放射性粒子的薛定谔盒子

（注意，无时的放射性粒子不能存在于时序（时间相关的）子空间中）

然而，通过用图 5.6 中所示的随时间变化的粒子代替无时粒子，可以看到有一个相对于盒子的时间变量。那么，薛定谔猫只能要么死了要么还活着，但是猫不能同时既生又死。在这种情况下，无论我们是否打开盒子，都不会导致基本原理崩溃。换句话说，在我们打开盒子之前，猫的死活已经确定。根据薛定谔基本原理，粒子的量子态并不是同时出现的。我们看到，叠加原理不存在于我们的时序子空间中，它只存在于一个无时的虚拟子空间中，就像数学一样。

最后，我们发现了薛定谔猫的缺陷：薛定谔不应该把无时的放射性粒子引入盒子。他犯下的这个重大错误显然是由于采用了原子模型，而模型的空间假设为绝对空的，如图 5.1 所示。我们看到一个无时的粒子被错误地放置于一个时序的盒子中，我们最终找到了薛定谔猫悖论的根源。为此，我们将这只猫留作一个故事来讲述：从前，有一只半死不活的猫……！

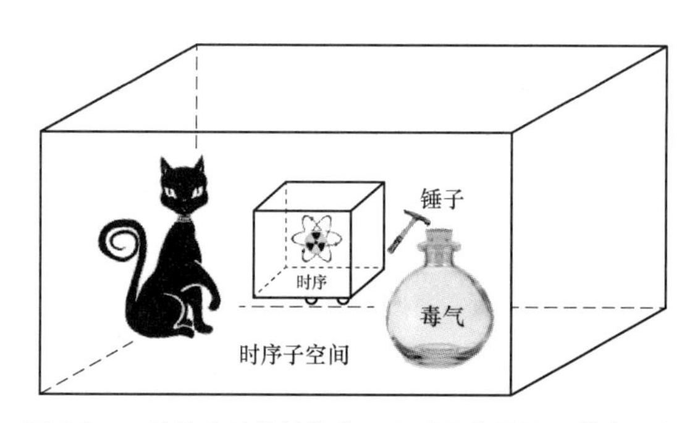

图 5.6　一只依赖时间的猫在一个时序盒子里，其中一个时序放射性粒子引入薛定谔的时序盒子中

5.7　亚原子模型的本质

在高度确定性的基础上，大多数科学基本定律都包含了点奇异性近似，其中包括嵌入在一个无时的子空间中的原子模型。当我们观察任何传统的原子模型时，我们可能会无意中假设背景子空间是一个绝对空的空间。这是薛定谔无时量子力学的结果，因为任何物理原子都不能位于无时子空间中。在薛定谔猫的假设出现之前，奇点模型在许多量子力学应用中都很有效。由于半命猫的悖论是基本原理的核心，自 1935 年薛定谔在哥本哈根论坛上提出以来，爱因斯坦、玻尔、薛定谔和其他许多人已经争论了 80 多年。这吸引了我们去研究薛定谔方程，它是在一个空白的子空间平台上发展起来的。当我们打开薛定谔盒子时，我们看到叠加状态崩溃。这显然是薛定谔为了维护其基本原则的命运而辩护的理由。否则，他的无时基本原理就无法在我们的时序宇宙中存在。简而言之，我们看到薛定谔猫的假设是一个虚构的假设，

我们有证据证明它没有一个可行的物理解决方案。因为任何无时的放射性粒子都不能共存于一个时序盒子中，而我们看到薛定谔无意中把它引入了这样的盒子。

| 5.8　无时量子世界 |

量子力学的基本原理告诉我们，多量子态粒子的叠加在量子环境中成立。借此它创造了一个无时的量子子空间，但是无时的量子子空间不可能存在于我们的时序宇宙中。然后问一个问题：那些无时的量子子空间可是否以在时序宇宙中使用，答案是“否”和“是”。

“否”部分的答案是：如果应用中的时间分量是一个问题，如应用于“瞬时”量子纠缠和“同时”量子态计算，那么从无时的薛定谔方程导出的无时的叠加原理应用于时序宇宙将有问题。例如，那些基本原理所断言的瞬时和同时的反应在我们的时序宇宙中并不存在。薛定谔猫的假设并不是一个物理上可以实现的解决方案。我们已经证明，半条命的猫的负担可以通过使用时序的放射性粒子来释放。如果我们没有发现薛定谔的量子力学是无时的，那么我们就永远不会发现薛定谔猫的悖论不是悖论。

因为薛定谔方程是一台无时的量子计算机，它用来求解各种粒子的量子动力学。然而，从薛定谔方程获得的解也是无时的，这产生了不可实现的解，如无时（$t=0$）叠加。

如果将一个无时的解强加于一个时序的子空间，将会预见到在我们的时序宇宙中不存在的悖论解，如薛定谔的半条命的猫。这相当于在时序子空间里追逐一只无时的半条命猫的鬼魂。我们已经发现，一个无时的放射性粒子放置在薛定谔的盒子里。

至于“是”部分的回答是：如果在我们的时间空间内，应用量子力学解的时间方面不是一个问题。自 1933 年量子力学诞生以来从薛定谔方程获得的几十个解已经应用到实践中。这类似于使用数学（一台无时的机器）获得与时间相关的应用程序的解决方案，有时会产生物理上无法实现的解决方案。薛定谔方程是一个数学方程，它需要一个时间边界条件来证明其解是物理上可实现的。

| 5.9　量子力学评估 |

薛定谔方程是在绝对空白子空间基础上发展起来的，其所有解都是无时的。由于叠加的基本原理是由无时薛定谔方程导出的，相应的量子态的波函数对于粒子所嵌入的子空间也是无时的。虽然波函数是含时方程，但是它是关于相应的量子态本身的。这一点通过单原子模型很容易理解，其中粒子的量子态用 nhv 表示，其中，$n=1, 2, \cdots, N$ 是量子态的个数，第 n 个波函数与 hv_n 量子态有关。原子模型嵌入的子空间不是空白子空间，因为依赖于时间的波函数决定了叠加原理的合法性，但是相对于粒子子空间的时间依赖是无时的。其原因在于：叠加原理是无时的，整个薛定谔的量子世界是无时的。

由于整个量子空间是无时的，它不能共存于我们的时序宇宙中。鉴于叠加原理在打开薛定谔盒子的同时就崩溃的逻辑，猫同时生与死的物理现实必须不能满足。否则，叠加原理就会证明它本身不存在于我们的时序宇宙中。显然，薛定谔叠加原理只存在于一个无时的子空间中。我个人认为这就是他为自己的基本原则的命运辩解的理由，否则这个原则就无法生存下去。肯定是薛定谔自己提出了这样的论点，否则，从 1935 年开始的经过 80 多年世界顶尖科学家争论的半条命的猫的悖论就没有物理基础。

由于量子力学和数学一样是虚拟量子机器，我们发现薛定谔机器是一台无时的（或虚拟量子）计算机，它不存在于我们的时序宇宙中。正如我们已经看到的那样：薛定谔方程是在一个空白子空间中导出的，而空白子空间和非空子空间是互斥的，所以它不是一个物理上可实现的模型。我们已经看到，当一个人把无时的叠加原理强加于一个时序子空间中，然后预期无时的叠加在一个时序子空间内“无时间地”运行，这在物理上是不可能的。这只有数学家和量子力学家才能做到，因为量子力学就是数学。

但是，这并不是说无时的量子力学是无用的，因为它已经有了大量的实际应用，但是只要解决方案不直接面对我们时序宇宙中的时间依赖性或因果关系（$t>0$）问题。正如理查德·费曼所引述的那样，“没有人理解量子力学”的一部分。我们发现，没有人理解量子力学的原因必定是由“无时叠加原理”引起的混乱。无时量子世界的根源来自原子模型无意中锁定的空白子空间。我们确信，这一发现将改变我们将基本原理应用于量子计算和量子纠缠通信的看法。因为基本原理所承诺的“瞬时和同时”现象并不存在于我们的时序宇宙中。薛定谔猫并非悖论的发现带来的重要成果是，鼓励我们寻找一种新的依赖时间的量子机器，类似于薛定谔已经为我们铺平了道路的机器。

结　语

本章证明了薛定谔使用的原子模型必须锁定在一个绝对空白的子空间内，而正是这个无时子空间导致了薛定谔猫的悖论。忽略了无时子空间的原因一定在于采用了自1913年来已经使用了一个多世纪的玻尔原子模型。因为它已经成功地使用了一个多世纪，并取得了很好的效果。我们从未想到是空白子空间导致了这个问题。考虑到薛定谔的时变波动解，我们发现时变依赖于原子粒子本身，而不是原子模型嵌入的子空间。在寻找薛定谔猫悖论的根源时，我们发现，一个无时的放射性粒子不应该在依赖时间（或时序）的薛定谔盒子中引入。为了缓解无时的放射性粒子问题，我将其替换成一个依赖时间的放射性粒子，我们已经证明了薛定谔猫毕竟不是悖论。总之，我们发现薛定谔猫的假设不是一个物理上可实现的假设，他的整个量子世界是无时的，就像数学一样。尽管如此，薛定谔的许多永恒解决方案在我们的宇宙中的因果关系条件下的基本原理实现之前都是非常有用的。

参考文献

[1] F. T. S. Yu, "Time: The Enigma of Space," *Asian J. Phys.*, vol. 26, no. 3, 149–158 (2017).

[2] F. T. S. Yu, *Entropy and Information Optics: Connecting Information and Time*, 2nd Edition, CRC Press, Boca Raton, FL, 2017, pp. 171–176.

[3] N. Bohr, "On the Constitution of Atoms and Molecules," *Philos. Mag.*, vol. 26, no. 1, 1–23 (1913).

[4] E. Schrödinger, "Probability Relations between Separated Systems," *Math. Proc. Cambridge Phil. Soc.*, vol. 32, no. 3, 446–452 (1936).

[5] L. Susskind and A. Friedman, *Quantum Mechanics*, Basic Books, New York, 2014, p. 119.

[6] R. P. Feynman, R. B. Leigton, and M. Sands, *Feynman Lectures on Physics: Volume 3, Quantum Mechanics*, Addison-Wesley Publishing Company, Cambridge, MA, 1966.

[7] C. H. Bennett, "Quantum Information and Computation," *Phys. Today*, vol. 48, no. 10, 24–30 (1995).

[8] W. Pauli, "Über den Zusammenhang des Abschlusses der Elektronengruppen im Atom mit der Komplexstruktur der Spektren," *Zeitschrift Für Physik*, vol. 31, 765 (1925).

[9] K. Życzkowski, P. Horodecki, M. Horodecki, and R. Horodecki, "Dynamics of Quantum Entanglement," *Phys. Rev. A*, vol. 65, 012101 (2001).

[10] T. D. Ladd, F. Jelezko, R. Laflamme, C. Nakamura, C. Monroe, and J. L. O'Brien, "Quantum Computers," *Nature*, vol. 464, 45–53 (March 2010).

[11] R. P. Feynman, R. B. Leighton, and M. Sands, *The Feynman Lectures on Physics*, Addison Wesley, Cambridge, MA, 1970.

第 6 章

科学与数学双重性

我们的时序子空间中存在的每一门物理科学都必须是时序的（$t>0$）；否则，它就像数学一样是一门虚拟的科学。科学假说的责任是证明它存在于我们的宇宙中，然后找到解决办法。本章我们将证明，科学和数学之间存在着二重性，在接受它为真正的物理科学之前，任何科学假设都必须证明它满足我们的时序宇宙中的所有边界条件。否则，它们的虚拟解决方案不能保证是物理科学。其中一个重要的条件必须是因果关系条件（$t>0$），对于因果关系条件，要确认一个解是时序的并且存在于我们的宇宙中。因为科学的全部基本定律都是数学，包括麦克斯韦方程和薛定谔方程，没有因果关系条件，我们不能确定这个解是我们宇宙中物理上真实的科学。既然我们已经展示了薛定谔量子力学是无时的，我们将展示如果它的无时叠加原理陷入时序空间会发生什么。我们发现，无序空间是一个虚拟抽象的空间，它只存在于一个绝对空白的无时（$t=0$）空间中。只有量子物理学家才能像薛定谔一样将物理模型植入空白子空间。但是空白空间和时序空间是相互排斥的。

6.1 引　　言

科学是一种近似定律，而数学是绝对确定性的公理。使用精确数学来计算不精确科学不能保证它的解存在于我们的时序空间中。科学也是逻辑的公理，没有逻辑，科学就没有实际应用价值。所以说，1 OZ（1 OZ=28.35 g）好的解释胜过 1 t 的计算。然而，科学具有一个责任：它必须证明在我们的时空中真正存在。换句话说，任何科学（理论或数学）解都必须满足我们的时序空间的边界条件。例如，给定的维度和时间：

$$f(x, y, z; t), t>0 \tag{6.1}$$

式中：$f(x, y, z; t)$ 为三维时空函数；时间 t 为正向变量，空间和时间共存。

换句话说，在我们时序空间的边界条件（时间和空间）内不满足的任何科学解决方案都是虚拟的无时解决方案，不能直接在我们的时序宇宙内使用。

6.2 子　空　间

本节我们将介绍一些在已知的子空间：绝对空白空间、数学虚拟空间、与时间无关的牛顿空间和 Yu 的时序空间。绝对空白空间是指没有物质也没有时间的空间。数学虚拟空间是没有时间、但有坐标的绝对空白空间。换句话说，虚拟空间有坐标，但是没有物理物质。它不存在于我们的时序空间中，因为物理物质是时间，时间是物理物质。牛顿空间是一个包含物质的空间，它有坐标，但是它把时间当作一个独立变量或维度。牛顿空间不存在于我们的时序空间中，因为时间和物质在我们的时序宇宙中是相互共存的。时序空间是依赖于时间的空间，其中时间是由光速决定的恒定速度下的正向变量。空间和时间是相互共存的。

重要的事实是，这个时序宇宙是我们的家园，也是我们生活的物理空间。任何由我们的时序子空间施加的物理约束都是我们宇宙创造的结果，它是基于物理定律和时间规则。换句话说，我们是包含所有物理科学的时空中的囚徒。

物理事实是，任何理论上的解决方案如果违背了我们时序空间施加的约束，都不是我们宇宙中的物理解决方案。但是，这绝不意味着无时的绝对空间——空白空间、虚拟空间和牛顿空间是无用的。相反，它们在人类历史上为学习新的科学知识铺平了道路。绝对空白空间、虚拟空间、牛顿空间到时序宇宙分别如图 6.1（a）、（b）、（c）和（d）所示。

这些子空间之间的差异是：绝对子空间是无时的，没有坐标；虚拟空间是空的，无时但是有维度；牛顿空间是时间无关的，有坐标；Yu 的时序空间是与时间相关的，其中物质和时间共存，时间是匀速正向变化的变量。

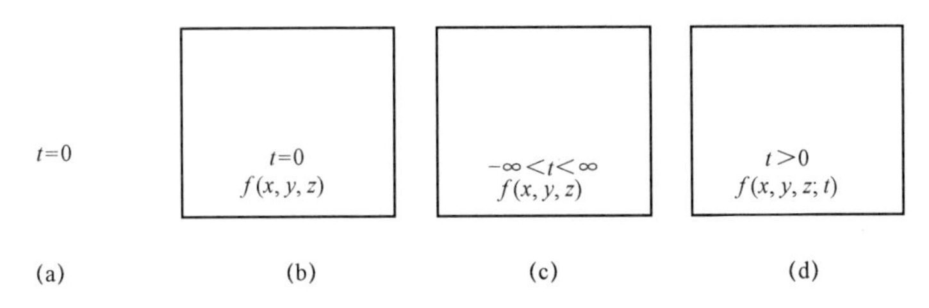

图 6.1　绝对空白空间、虚拟空间、牛顿空间和 Yu 的时序空间

（a）绝对空白的无时子空间中不存在坐标；（b）虚拟子空间具有坐标，但它仍是空白并且无时的空间；
（c）牛顿子空间是具有坐标、非空间并且不依赖于时间的空间；
（d）Yu 的时序空间是具有坐标、非空间并且依赖于时间的空间

鉴于这些空间，我们看到一个绝对空白的空间里什么也没有，它是无时的。虚拟空间是一种数学虚拟空间，没有物理物质，没有时间或无时的，它有坐标。牛顿空间是一个独立于时间的空间，其中有物理物质，并有坐标。由于牛顿空间将时间视为独立变量，时间和空间并不相互共存。Yu 的时空是一个时变空间，在这个空间中，时间和物理物质是相互共存的，并且它是时间相关的正向变量空间。

再次强调，牛顿空间和 Yu 的时间空间的区别是：牛顿空间是一个与时间无关的空间，在这个空间中，时间是一个独立变量，它不与物质共存。而在 Yu 的时空中，时间是一个因变量，时间和物质共存。时间的速度是由光速决定的，光速是空间的因变量，就像我们的时序宇宙一样。

然而，无时的空间和与时间无关的空间在意义上是有区别的。无时的空间是指没有时间存在的空间，时间不是变量，而时间无关的空间是指时间是独立变量的任何时间存在的空间。而 Yu 的时空意味着空间与时间共存，时间是一个恒定的正向变量，它的速度已经由光速决定。

6.3　子空间和数学双重性

我们的时序宇宙是由物理定律和时间定律创造的，可以用空间和时间函数描述：

$$\nabla \cdot \boldsymbol{S}=f(x, y, z; t), \quad t>0 \tag{6.2}$$

式中：∇为发散算子；“·”表示点积；$\boldsymbol{S}$ 为能量矢量；(x, y, z) 表示空间坐标系；时间 t 为持续向前的变量。

在此强调一下，式（6.2）不仅仅是一个数学公式，它是一种符号表示、描述、语言、图片甚至视频。在这个公式中，子空间随着时间以恒定速度向前移动而创

建，同时也表明空间和时间是共存的。换句话说，在我们的时序宇宙中，任何科学都是真实的，否则就是虚构的。我们强调，通过理论推导获得的任何解决方案都不能保证存在于我们的时序空间内。例如，从麦克斯韦方程或薛定谔方程获得的解，除非它们的解满足我们的时序子空间边界条件，如坐标和时间（或因果）条件。我们发现，每一个物理科学（物理子空间）都与时间共存，时间是一个持续向前的变量。

放置于在图 6.1 所示的任何子空间中的任何粒子模型，其粒子动力学行为遵循所放置的子空间的特性。例如，如果在数学上把物理上分离的粒子投入一个绝对空白的子空间，我们将发现所有的粒子将叠加在一起，因为嵌入的子空间是无时的，它们之间没有坐标和距离（$d=0$）。换句话说，每个粒子都可以同时存在于绝对空的空间或无时的空间中的任何地方。这正是薛定谔的叠加基本原理。但是，它只存在于一个无时的子空间中，因为他的量子力学是建立在一个无时的空白子空间上的。

进一步强调，薛定谔叠加原理不应视为一门可以在我们的时序子空间中实现的物理可实现的科学。例如，应用于“瞬时”粒子纠缠和“同时”量子计算，这是在我们的时序子空间中不支持的虚拟解。然而，如果量子机建立在时序子空间基础上，则可以重新设计为时序量子力学，在下面的章节中进行介绍。

现在，我们使用图 6.1 所示的子空间系统分析它们的响应。例如，将一个理论解分别置入（或输入激励）无时子空间系统、时序空间系统和时间无关空间系统之一。首先，将图 6.2（a）的均匀频率分布（傅里叶变换）作为假设解用作输入激励。由于傅里叶解不是时域或时变函数，我们不能将傅里叶域解直接放置于任何子空间中，除非先进行变换（或逆变换成时域解），如图 6.2（c）所示。由于量子力学也是数学，量子力学家和数学家一样，将任何解决方案放置于空白无时空间中，而不管物理上是否能实现。对于系统分析，绝对空白无时的输出响应如图 6.2（e）所示。输出响应仅在 $t=0$ 时出现，$t=0$ 是无时的域。由于时间是距离，距离是无时子空间中的时间，输出响应（$t=0$）存在于整个无时子空间中，如图 6.2（f）所示。根据这种系统分析，输出响应（$t=0$）同时存在于整个无时子空间，这正是薛定谔叠加原理在无时子空间中的表现。由于无时子空间（$t=0$）不能存在于我们的时序子空间中，为此我们看到薛定谔的整个量子世界是无时的，包括他的基本原理。

然而，如果我们接受叠加原理是一个物理上存在的原理，那么我们将面临一个严重的、与科学现实不相协调的问题。这就像在我们的时序子空间中寻找一个无时的天使。我们已经证明，薛定谔叠加原理不适用于我们的时序子空间。如果我们强行将无时的基本原理应用于我们的时序宇宙中，并且假装叠加原理在我们的宇宙中表现为“无时的”，这将会导致我们的时序宇宙中出现很多难以想象的解决方案，例如，薛定谔猫的虚拟悖论，以及叠加原理所承诺的所有“瞬时”信息传输和多量子态“同时”计算。

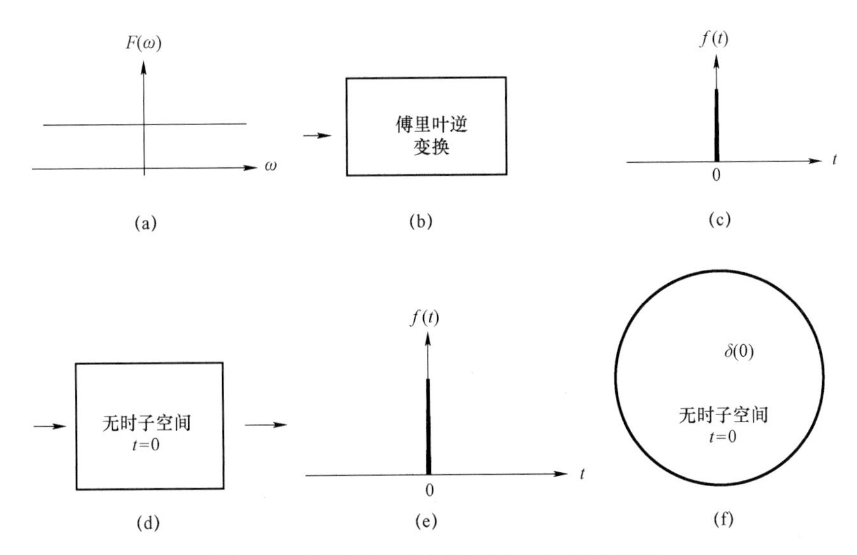

图 6.2　时间与无时子空间中频域与时域的转换

图 6.2（a）显示了一个频域解析解，它应该在我们的时间子空间中使用。由于傅里叶函数不是时域函数，因此需要在插入无时子空间进行测试之前转换成时域方程，如图 6.2（c）所示。通过使用这个时域函数作为一个无时子空间系统的输入激励，如图 6.2（d）所示，相应的输出响应如图 6.2（e）所示。如图 6.2（f）所示，它的输出响应在无时空间域的任何地方都可以找到。

如果我们将图 6.3（b）所示的负线性相移与图 6.3（a）的傅里叶分布相加，图 6.3（d）中相应的傅里叶逆变换显示了位于 $t=0$ 的 $\delta(t-d/2)$ 函数的时域分布。由于输出响应在我们的时序子空间中符合因果关系（或时间）条件，所以它可以使用或浸没在我们的时序子空间中。很明显，$\delta(t)$ 表示 $t=0$ 时粒子在无时空间中的位置，而 $(t-d/2)$ 是粒子在时序子空间中的位置，因为时序子空间中的时间是距离，距离是时间，分别如图 6.3（e）和图 6.3（h）所示。我们看到，输出粒子的位置被保留。与无时空间相反，输出脉冲“同时”存在于无时子空间的任何地方。

下面，我们提供一个更令人信服的说明。如图 6.4 所示，其中我们假设一组 δ 函数 $\delta(t-t_1)$、$\delta(t-t_2)$ 和 $\delta(t-t_3)$，分别如图 6.4（a）所示。这些代表了一组粒子，它们将被解析地置于图 6.4（b）中的无时子空间系统中，相应的输出响应如图 6.4（c）所示。其中所有的输入 $\delta(t-t_1)$、$\delta(t-t_2)$ 和 $\delta(t-t_3)$ 都收敛到 $t=0$ 处进行叠加，所有的输入都在一个无时的空间中失去了它们的时间特性。换句话说，在无时的环境中，没有时间，没有坐标，没有距离，所有的粒子都在 $t=0$ 叠加。同时，存在于一个无时的空间中的任何地方。这实际上是叠加的基本原理，其中多量子态同时存在。这个例子向我们展示了叠加原理只存在于无时的空间中，它不存在于时序子空间中。在时序子空间中，时间就是距离，距离就是时间，如图 6.4（d）中的时间—地形图所示。而在图 6.4（e）中，我们看到所有粒子在 $t=0$ 时同时叠加，它们也可以在整个无时空间中的任何地方找到，这正是基本原理在无时空间中的作用。我们再次证明，叠加原理承诺的所有“瞬时”（$t=0$）和“同时”发生（$d=0$）量子态现象只存在于一个无时的子空间中。为此，我们不应该强迫无时的基本原则在我们的时序空间内发挥作用，否则将出现物理上不可实现的解决方案。

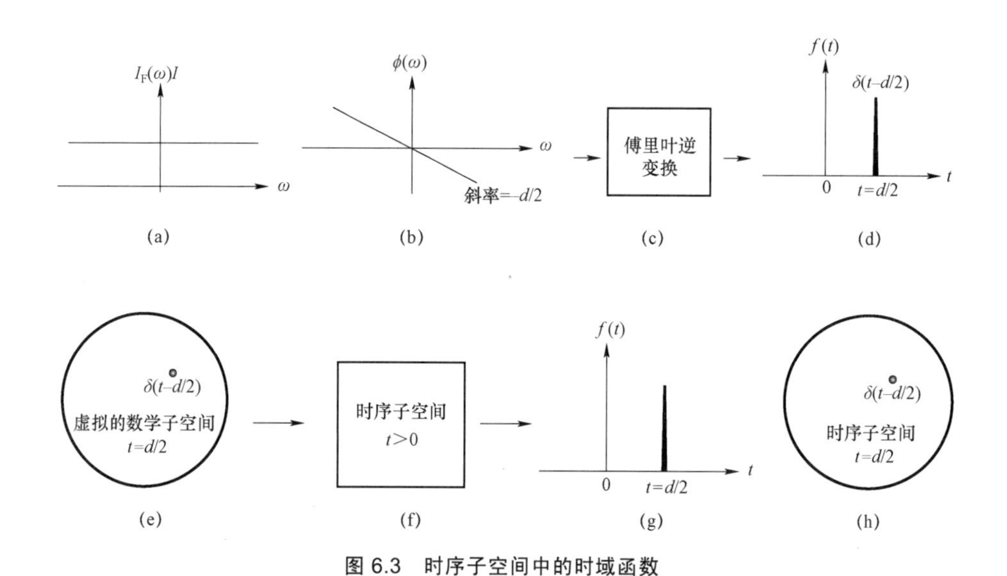

图 6.3　时序子空间中的时域函数

图 6.3（a）和 6.3（b）显示了一个复傅里叶域解，相应的时域函数在图 6.3（d）中给出，它被投射到图 6.3（f）的时序子空间系统中。图 6.3（e）显示了 $t=d/2$ 时 δ 函数所处的时间地形图。图 6.3（g）显示了输出时间响应。图 6.3（h）显示了输出响应所在的时间地形图，其中显示了输入标识的保存。

让我们对图 6.5（a）和图 6.5（b）所示的前一个复傅里叶域例子进行拓展，其中我们添加了具有均匀傅里叶域分布的正线性相位因子。相应的傅里叶逆变换时域解如图 6.5（d）所示，时间解 $t+d/2$ 出现在 $t=-d/2$ 的负时间轴上。因为它是负时域函数，很明显它的时间解不能在我们的时间宇宙中实现。然而，负时间响应可以在牛顿空间中使用，因为牛顿空间将时间视为独立变量。同样，我们注意到牛顿空间不能是我们的时序空间中的子空间。任何部分出现在负时域（$t\leqslant 0$）中的时序解，都不是在我们的时序（$t>0$）宇宙中使用的物理可实现的解。

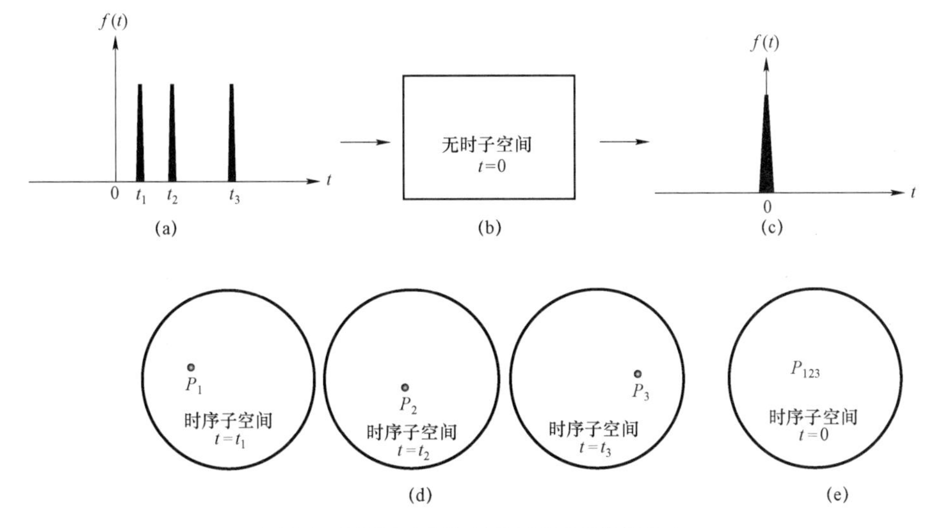

图 6.4　无时子空间与时序子空间的输出响应

图 6.4（a）示出了如图 6.4（d）中的时间地形图所示的时序子空间内的三脉冲阵列（如粒子的位置）。当这些粒子插入图 6.4（b）的无时子空间时，输出响应在图 6.4（e）所示的 $t=0$ 处叠加，叠加的粒子可以在整个无时域中找到。有趣的是，在一个无时空间里，所有的东西都在一个空间里，一个东西也在空间里的任何地方。

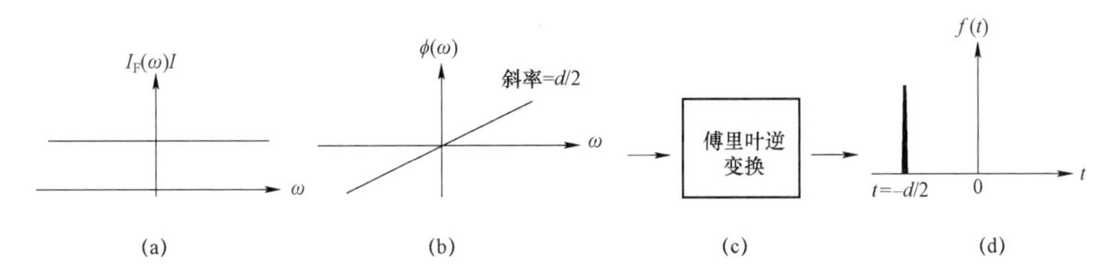

图 6.5　傅里叶域分布与时域解

图 6.5（a）和图 6.5（b）表示复傅里叶域解。图 6.5（d）显示了位于负时域内 $t=-d/2$ 的傅里叶逆变换时域函数。

6.4　因果关系和时序宇宙

我们的时序宇宙中的每个子空间都有一个价码，创造它需要一定量的能量 ΔE 和一段时间 Δt。因为时间就是距离，距离就是时间（$d=c\cdot\Delta t$），所以在我们的时序空间中，每个粒子 P（或子空间）都需要一定量（ΔE，Δt）创建，并且只在 $t>0$ 时存在，即

$$P(x,\ y\cdot z;\ t)=P(t),\ t>0 \tag{6.3}$$

式中：$(x,\ y,\ z)$ 表示三维空间坐标系；时间 t 为正向变量。

为了简化说明，我们假设含有两个粒子的场景，即

$$P_1（t-\Delta t）=\delta（t-\Delta t），t>0 \quad （6.4）$$

$$P_2(t-\Delta t-d/2)=\delta(t-\Delta t-d/2)，t>0 \quad （6.5）$$

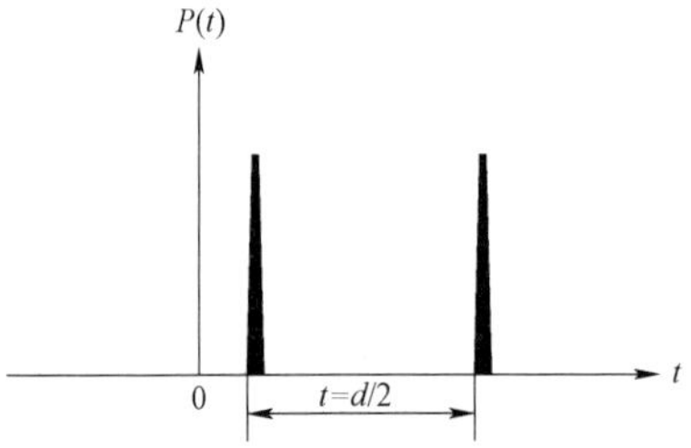

式中，$\delta（t-\Delta t）$和$\delta（t-\Delta t-d/2）$代表粒子的位置，如图 6.6 所示。

图 6.6　由两个 δ 函数表示的两粒子场景

考虑到时序位置，我们发现它们满足我们的时序宇宙中的因果关系条件（$t>0$），这意味着解可以直接在我们的时序宇宙中实现。因为我们的宇宙中的时间是距离，距离是时间，因此粒子之间的间隔可以表示为

$$D=c\cdot（d/2） \quad （6.6）$$

式中：c 为光速；$\Delta t=d/2$ 为两个粒子之间的“时间”间隔。

现在，如果我们将图 6.7（a）中的双粒子场景（我们的宇宙中的时间解）置于我们的时序宇宙中，将看到时序宇宙中的两个粒子之间存在分离，因为在我们的宇宙中，时间就是距离，距离就是时间。

另外，如果这些粒子置入无时子空间中，那么粒子就失去了它们的时序同一性，这种同一性只能在无时空间中的 $t=0$ 时存在。而时序空间中时间就是距离，距离就是时间，即使在一个无时的空间（$d=ct$ 和 $t=0$），粒子也失去了它们原来的位置同一性。由于无时子空间没有坐标也没有时间，这两个粒子在无时的空间中可以存在于任何位置，如图 6.7（b）所示。我们再次强调，所有“瞬时”和“同时”存在的量子态都是叠加基本原理的痕迹。但是，我们已经表明，基本原理只存在于一个空白的无时子空间中，然而这个原理并不存在于我们的宇宙中。

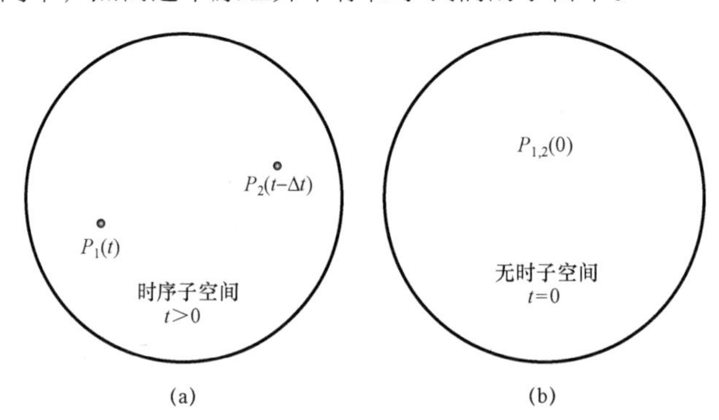

图 6.7　时序子空间内的粒子分布

图 6.7（a）示出了时序子空间内的粒子；图 6.7（b）示出了无时子空间内的叠加粒子，并且粒子可以同时在无时空间内的任何地方被发现。

现在我们将展示另外两个例子。我们将时序分解为无损和有损的时序子空间系统，分别如图 6.8（a）和图 6.8（b）所示。在图 6.8（a）的无损子空间场景下，输

出响应保存输入能量并服从因果条件。输出响应被忠实地再现。但是，具有与我们的宇宙中因果约束 $t>0$ 所施加的相同的时间延迟。在我们的宇宙中时间就是距离，距离就是时间。另外，如图 6.8（b）所示，当我们向有损时序子空间系统提供这个集合的时间解时，我们发现输出响应显得有些弱，并且传播得更长，因为输入的强度在我们的有损时序宇宙中有所吸收。从输出响应来看，整体输出响应有些延迟，这显然是由于我们的宇宙中的因果关系约束。它还告诉我们，在我们的时序宇宙中，时间和空间（物质）是共存的。换句话说，因果条件是我们的宇宙中最重要的基本约束之一，其中我们的宇宙是由正向变量时间点燃的大爆炸产生的。

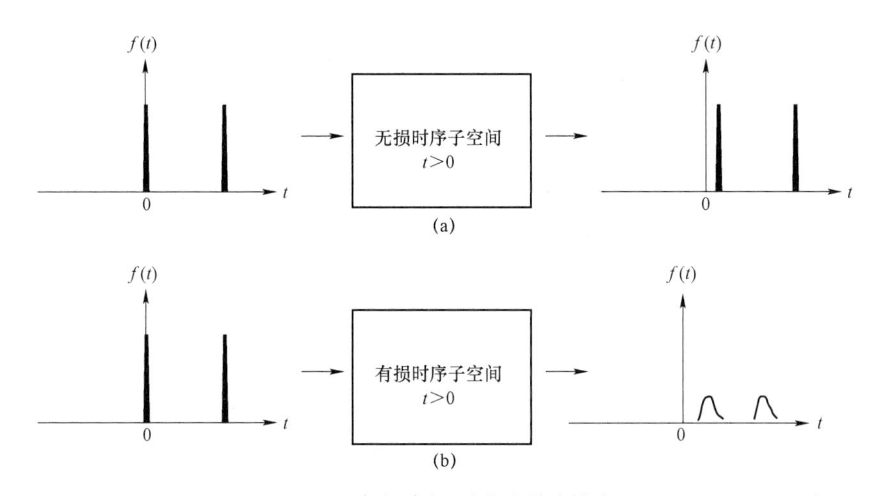

图 6.8　来自时序子空间的输出响应

（a）来自无损时序子空间的输出响应；（b）来自有损时序子空间的输出响应

另一个可行的方案是：给定图 6.9（a）中所示的傅里叶解，傅里叶逆时域函数在图 6.9（b）中给出，其中时域的一部分存在于负时间（$t<0$）区域，这违反了我们时序宇宙中的因果关系（或时间）条件。为了使时间解在物理上可实现，我们可以在傅里叶域中引入线性相移，如图 6.10（a）所示，使它的傅里叶逆时域函数完全在正时间域内，如图 6.10（b）所示。因此，通过适当延迟时域解决方案，我们可以将不可实现的解决方案更改为物理可实现的解决方案，如图 6.10（d）所示。它告诉我们，通过简单地将嵌入时序子空间从无时子空间改变为时序子空间，可以从无时子空间模型改变为时序（$t>0$）物理模型，这是物理可实现的模型。鉴于前面的说明，时间量子机器实际上可以建立在时序子空间的基础上，而不是像薛定谔那样建立在无时子空间的平台上。

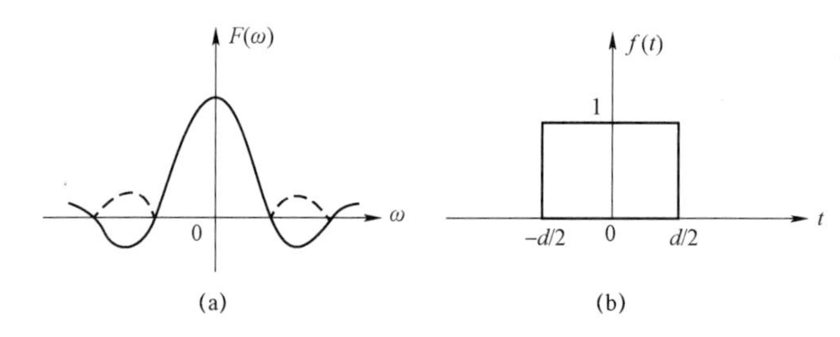

图 6.9　傅里叶函数，相应的傅里叶逆变换时域函数

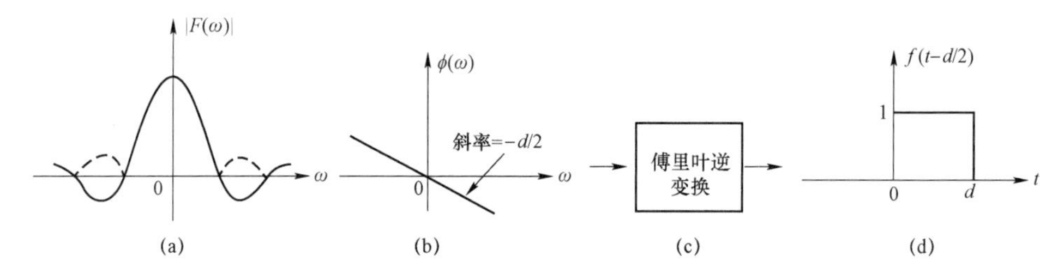

图 6.10　傅里叶域函数和傅里叶逆变换时域函数

（a）（b）复傅里叶域函数；（c）傅里叶逆变换；（d）显示了相应的傅里叶逆变换时域函数

前面的讨论告诉我们：当原子模型置入无时子空间时，其粒子的量子动力学服从原子模型所嵌入的子空间所施加的约束。例如，当粒子嵌入无时子空间时，粒子动力学失去了它们的时间和位置特征（没有坐标、时间和距离），服从于无时特征（瞬时和同时的特征）。虽然从物理现实的角度来看，物理粒子不可能置于绝对空的空间中，但是从数学和量子力学的角度来看，这是可以的，因为量子力学就是数学。但是，它们的解可能不是时序性的（$t>0$），就像薛定谔量子力学那样。类似地，如果我们将原子模型嵌入在牛顿空间中，我们会看到，粒子动态可以在负时域（$t<0$）中行为，这违反了我们时序空间的时间（或因果关系）条件。尽管牛顿空间是一个与时间无关的空间，但是它不可能是我们时序宇宙中的子空间。从我们所有的插图来看，假设的叠加基本原理并不存在于我们的时序宇宙中，根据叠加原理，所有的“瞬时和同时”现象只存在于一个无时的空间中，而不存在于我们的宇宙中。

尽管永恒和时序子空间之间存在相互排斥的问题，一些量子科学家仍然相信它们可以在我们的宇宙中植入叠加原理。这就是为什么我们要展示当一个多量子态粒子在一个时序空间中被实现时会发生什么。为了简单起见，我们将模拟一个双量子态粒子，它正处于一个空白子空间中，如图 6.11 所示。我们进一步将两个量子态的本征值设为 $\exp[i(\omega_1 t)]$ 和 $\exp[i(\omega_2 t)]$，其中，ω 表示量子态的角频率。图 6.11（c）给出了一个空白空间的输出响应，对应于“无时”的双量子态叠加，其中我们假设能量是守恒的。当这个无时的模拟响应（t）如图 6.11（d）所示进入时序空间时，其输出响应如图 6.11（e）所示。我们注意到，输出响应发生在 $t>0$ 之后，也就是 $t=0$ 之后，因为时间是距离，距离是时间空间内的时间。鉴于这一模拟结果，我们得知粒子的量子态首先在一个永恒的空间中失去了它们的个性。在空白空间之后，来自时序空间的输出响应，失去了原来量子态的特性。输出响应借助于能量守恒在时间和空间上展开，并在时序空间内形成时序子空间，即

$$\nabla \cdot \boldsymbol{S}=f(x, y, z; t), t>0 \tag{6.7}$$

式中：∇为发散算子；“·”表示点积；$\boldsymbol{S}$ 为能量矢量；（x，y，z）表示空间坐标系；时间 t 为持续正向前变量。

虽然，这是一个虚拟的模拟分析，但结果告诉我们：叠加原理指出的所有“瞬时和同时”存在的量子态都没有发生。例如，这正是薛定谔在他的盒子里引入的同时双量子态放射性粒子的错误。因为他认为一个无时的放射性粒子会在一个时序盒子里“无时间地”运行。

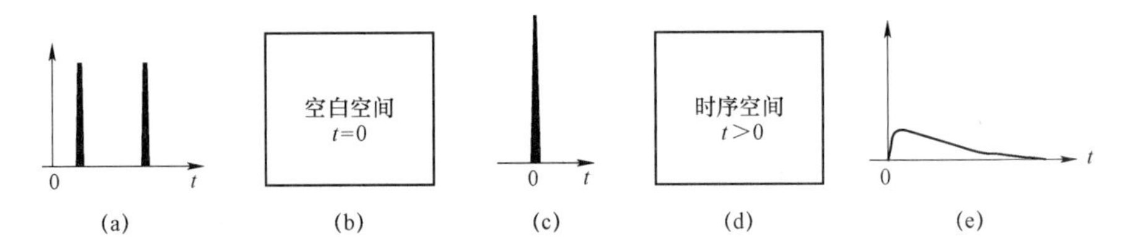

图 6.11 一个假想的系统，它代表一个嵌入在时序空间中的空白子空间

（a）输入激励；（b）空白无时系统；（c）来自空白空间的输出响应；（d）时序系统；（e）显示来自时序空间的相应输出响应（其中我们看到输出响应丢失了所有的输入时间和空间身份，如图 6.11（a）所示）

6.5 点奇异近似的缺陷

几乎所有的科学定律都是点奇异近似的；否则，这些基本定律很难用数学的形式描述。这一假设还包括粒子和量子物理学家使用的简单化原子模型，图 6.12 所示为经常被使用的为一个典型的玻尔原子模型。

虽然，科学中的点奇异近似具有表述简单的优点，但是对于多维空间来说更难描述。例如，应用于时序子空间（$f(x, y, z; t), t>0$）和其他。与尝试使用点奇异性方法相比，使用简单的子空间表示（集合论）具有优势。鉴于玻尔原子模型，我们看到该模型显示了无维度、无坐标和无质量，仅提供了一条有价值的信息：量子态能量 $h\nu$（或辐射）。我们可以预期，从这个简单模型中得到有限的解决方案，不管这些解决方案有多复杂。从信息的角度来看，这种限制很容易识别：模型提供的输入信息越少，产生的可行输出评估就越有限，除非模型的复杂性得到扩展。这

正是虚拟量子科学出现的原因，因为我们已经把不受支持的假设当作物理真实原则。一些物理学家甚至认为，在原子尺寸范围内，粒子的行为奇怪地像“仙境中的爱丽丝”。薛定谔叠加的基本原理是一个不受支持的解决方案，自从 1935 年薛定谔猫被揭示以来，这个原理已经在我们的时序宇宙中存在了 80 多年。从那以后，从这个无时的原则中出现了无数虚构的分析解决方案，但是还没有产生任何可行的结果来证实他们的主张。

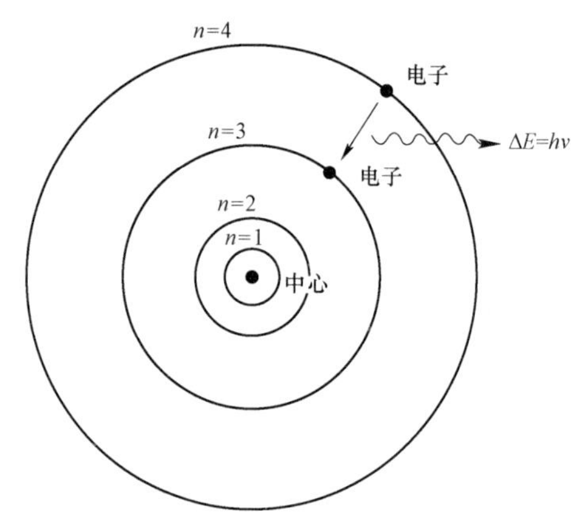

图 6.12 玻尔原子模型

让我们用系统方法展示叠加原理在一个空白（无时的）子空间中表现，然后继续展示时序（$t>0$）子空间对无时叠加解的反应。再次注意在时序子空间中，时间和子空间是共存的：因为空的空间是无时的，无时的空间是空的。由于我们已经处理了点奇异近似原子，它的多量子态可以用波动方程描述，即

$$\psi_n(x,t)=\exp\{i[kx-2\pi \upsilon n(t-\Delta t_n)]\},\ n=1,2,\cdots,N \qquad (6.8)$$

式中：k 为波数；x 为空间变量；υ为量子态频率；t 为正向时间变量；Δt_n 为相对于第 n 个量子态的时间延迟。

我们在其中看到了这一点：如果点近似多量子态模型放置于如图 6.12 所示的空白（或无时的）子空间中，则每个波动方程能够在不同时间发射小波（$h\Delta\upsilon_n$），但是不能同时发射。不管物质（原子）在空白子空间问题中的合法性，数学家和量子物理学家都可以做到这一点：由于能量守恒，所有发射小波在 $t=0$ 时在一个空白子空间内崩溃。这正是叠加原理所在的无时（$t=0$）空间或虚拟数学空间。

对我们来说，用时序小波表示系统模拟是很有趣的：作为代表两个量子态能量（$h\Delta\upsilon_n$，$n=1$，2）的例子，放置于虚拟的无时子空间，如图 6.13（a）所示。其中，我们看到两个输入小波失去了它们的时序特性，并在 $t=0$ 时在一个空白空间内崩溃。如果我们把这种无时的响应带入一个时序空间，会看到响应在时序子空间中

暂时表现，如图 6.14（e）所示，因为在我们的宇宙中，时间就是距离，距离就是时间。

图 6.13　时序原子嵌入一个空白子空间

（尽管这不是一个物理上可实现的模型，因为时序和无时是不共存的。但是，量子力学可以做到，因为量子力学是数学）

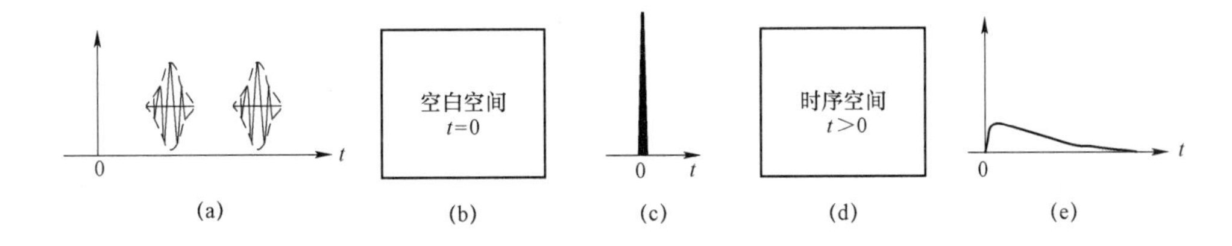

图 6.14　嵌入时序空间的无时子空间的系统表示

（a）一组插入无时空间的时间小波；（b）空白空间；（c）来自空白空间的输出；（d）时序空间；（e）时序空间中的输出

从图 6.14 可以看出：在一个时序空间内实现一个无时的假设原则是一个严重的错误，甚至忽略了一个无时空间是一个时序空间内的子空间的物理可实现性问题。这将是一个更严重的错误，因为人们要求无时的叠加在我们的时序宇宙中“无时间地”表现。难怪正如后来的理查德·费曼说“在你学会量子力学之后，可能不会理解量子力学”。现在我们可能理解了量子力学中我们以前不理解的部分：薛定谔叠加原理是无时的，他的量子世界是无时的。

6.6　无维度时空变换

让我们转向维度问题：我们的时序子空间是具有维度的（具有空间坐标）。因此，任何存在于我们时序空间中的物体都必须有坐标，否则它不可能存在于我们的时序子空间中。作为例子，我们来分析两个科学中最著名的方程：爱因斯坦质能方程和薛定谔方程。这组方程：一个负责创造我们的时序宇宙；另一个用于创造整个量子世界。然而，严格来说，这两个方程是无时的。换句话说，它们并非时变方程。

首先，让我们从爱因斯坦质能方程开始，这是最广为人知的方程，超过 3/4 的人类知道这个方程。通过它的简单表达方式，可能并不真正理解其意义。就简单性而言，爱因斯坦质能方程由下式给出：

$$\varepsilon = mc^2 \tag{6.9}$$

式中：m 为静止质量；c 为光速。

另一个著名的方程是量子物理中的薛定谔方程，即：

$$\frac{\partial^2\psi}{\partial x^2} + \frac{8\pi^2 m}{h^2}(E-V)\psi = 0 \tag{6.10}$$

式中：ψ 为薛定谔波函数（或本征函数）；m 为质量；E 为能量；V 为势能；h 为普朗克常量。

从这些方程来看，薛定谔方程远比爱因斯坦质能方程复杂。然而，这两个方程都是点奇异近似和无维度的。我们也看到，这组方程不是时序或时域方程。除了无维度表示外，这些方程是无时（$t=0$）的方程。由于它们在数学表示上的简单性，这组方程在十多年来彻底改变了现代天体物理学和量子物理世界。尽管如此，当我们使用这些方程作为解析解应用于我们的时序宇宙时，我们将展示一些可能的结果。

由于我们的宇宙是一个时序膨胀的空间，任何直接在我们的宇宙中使用的分析解首先必须是时序的。因此，通过观察这组方程我们看到，它们是无时的方程，不能在我们的时间宇宙中实现，除非时间变量成分可以适当地引入这些方程。

让我们以爱因斯坦质能方程为例，需要将无时的方程转变为时序（或时间相关的）方程，以便它可以直接应用于我们的时序宇宙。很明显，如果我们把爱因斯坦质能方程转换成相对于时间的偏微分形式，即

$$\frac{\partial\varepsilon}{\partial t} = -c^2\frac{\partial m}{\partial t} \tag{6.11}$$

式中：能量相对于时间的偏导数是能量转换速率；c 为光速；质量相对于时间的偏导数是相应的质量减少速率。

其中，我们将无时的爱因斯坦方程转化为一个时变函数。然而，爱因斯坦方程偏微分形式仍然是无维度奇异近似，没有任何时间或因果约束。当质量相对于时间转化为能量过程时，式（6.11）可以用能量发散算符表示：

$$\frac{\partial \varepsilon}{\partial t}=-c^2\frac{\partial m}{\partial t}=\nabla \cdot \boldsymbol{S} \quad (6.12)$$

式中：$\nabla \cdot \boldsymbol{S}$ 为对奇异能量矢量 $\boldsymbol{S}$ 的散度运算。

采用这种表述，我们看到能量到质量的发散过程显示了我们的宇宙是如何通过巨大能量的宇宙大爆炸精确地创造出来的。这个表达式从一个无维度的点方程转换成一个具有时间表示的三维展开式，其中时间是一个由光速决定的正向变量。这就是我们的宇宙，包括我们的时序宇宙中的所有子空间，可以用下面的表达式描述：

$$\nabla \cdot S=f(x,\ y,\ z;\ t),\ t>0 \quad (6.13)$$

式（6.13）表明，宇宙中的每个子空间都是一个时序子空间，它受因果关系条件（$t>0$）的约束。换句话说，我们的时序宇宙中的每一次响应都不能即时存在（$t=0$），而是在稍后的时间（$t>0$）响应。式（6.13）还表明：时间和子空间在我们的宇宙中相互共存。

通过上面的例子我们已经证明，将一个无时的方程转化为一个时间相关的表示是可能的，它满足我们的时序宇宙中的因果关系条件。我们强调，方程不仅仅是一个数学公式：方程是一种符号表示，它也是一种描述、一种语言、一幅图片，甚至是一段视频。这可以从式（6.11）和式（6.12）中看出：我们的宇宙是由一个巨大能量的宇宙大爆炸产生的，它的边界以光速膨胀，时间的速度由光速决定。

我们进一步展示一组众所周知的基本方程，如安培、法拉第、爱因斯坦和波尔方程，分别表示如下：

$$\nabla \times E=-\frac{\partial B}{\partial t},t>0 \quad (6.14)$$

$$\nabla \times B=\mu_0 J+\mu_0\varepsilon_0\frac{\partial E}{\partial t},t>0 \quad (6.15)$$

$$\frac{\partial \varepsilon}{\partial t}=-c^2\frac{\partial m}{\partial t},t>0 \quad (6.16)$$

$$\psi(x,t)=A\exp[\mathrm{i}(kx-\omega t)],t>0 \quad (6.17)$$

这些方程是无维度的时序方程，并且由 $t>0$ 的时间或因果条件所强加，因此它们的解将被限制在我们宇宙的因果关系内。

一个空白空间是不可物理实现的子空间，如果我们把从这组方程中获得的解数学地投入到一个空白子空间中会有什么后果？那么解决方案将失去它们的时序可变性到达无时状态。换句话说，这些解将在 $t=0$ 时收敛或叠加，并存在于无时空间的任何地方。这正是叠加原理对薛定谔量子力学的意义。

另外，如果我们将它们的解置于时序空间中，解的时序特征会保留下来，并遵循宇宙中因果约束所施加的正向的时间而变化。因此我们看到，是原子模型放置的子空间决定了时间响应的约束。在这些时域方程中强加因果约束的原因仅仅是为了确保它们的时间解在我们的时序宇宙中存在。

结　语

我们已经表明，存在于我们时序宇宙中的科学是物理真实的，否则它就像数学一样是一门虚拟科学。我们已经证明了科学和数学之间存在着双重性，在这种双重性中我们可能得到一个解析解，但是它存在于我们的时间宇宙中吗？我们还表明，有可能重新配置解决方案，以满足我们的时序子空间内的因果关系条件。我们还表明，当粒子转移到一个空白子空间时，所有的粒子叠加在一起，它们可以在无时子空间中的任何地方找到。我们已经注意到，薛定谔量子力学位于这个无时子空间中。这些理论告诉我们，他的整个量子世界是无时的，包括他的基本叠加原理。因为数学的任务首先是证明一个数学假设存在一个解，然后找到这个解。科学的任务是证明它存在于我们的时序宇宙中，然后通过试验来支持它。尽管薛定谔量子力学是无时的，但是它已经产生了无数的实际应用，只要它的解决方案不直接面对因果关系问题。然而，正是薛定谔叠加原理在我们的时序子空间中产生了不受支持的结果，如薛定谔的悖论。简而言之，无时空间是在时间零点（$t=0$）绝对确定的虚拟空间。任何存在于无时子空间中的东西都可以在子空间的任何地方立即同时被发现。然而，在我们的宇宙中并不存在无时的叠加原理。

参考文献

[1] E. Schrödinger，“Probability Relations between Separated Systems，” *Mathemat. Proc. Cambridge Phil. Soc.*，vol. 32，no. 3，446–452（1936）.

[2] E. Schrödinger，“Die Gegenwärtige Situation in Der Quantenmechanik（the Present Situation in Quantum Mechanics），” *Naturwissenschaften*，vol. 23，no. 48，807–812（1935）.

[3] F. T. S. Yu，“Time：The Enigma of Space，” *Asian J. Phys.*，vol. 26，no. 3，149–158（2017）.

[4] O. Belkind，“Newton's Conceptual Argument for Absolute Space，” *Int. Stud. Phil. Sci.*，vol. 21，no. 3，271–293（2007）.

[5] F. T. S. Yu，*Entropy and Information Optics：Connecting Information and Time*，2nd ed.，Boca Raton，FL，CRC Press，2017，171–176.

[6] F. T. S. Yu, "The Fate of Schrodinger's Cat," *Asian J. Phys.*, vol. 28, no. 1, 63–70 (2019).

[7] F. T. S. Yu, "A Temporal Quantum Mechanics," *Asian J. Phys.*, vol. 28, no. 1, 193–201 (2019).

[8] A. Einstein, *Relativity, the Special and General Theory*, Crown Publishers, New York, 1961.

[9] L. D. Landau and E. M. Lifshitz, *Quantum Mechanics*, Pergamon Press, Oxford, 1958, 50–128.

[10] M. Bartrusiok and V. A. Rubakov, *Introduction to the Theory of the Early Universe: Hot Big Bang Theory*, World Scientific Publishing Co., Princeton, NJ, 2011.

第 7 章

时序（$t>0$）量子力学

薛定谔的量子力学是在一个无时的子空间原子模型之上发展起来的，他的量子世界和他的基本原理是无时的，这在我们的时序（$t>0$）宇宙中是不存在的。本章我们将试图发展一种存在于我们的时序（$t>0$）空间中的时间相关或时序量子力学。使用时序原子模型的本质是，从模型中获得的分析解将保证它存在于我们的时序宇宙中。否则虚构的解决方案可能会出现，如薛定谔猫的悖论。我们将展示一种无时量子力学，如果它是建立在时序子空间上的话，它可以是时序的。尽管薛定谔量子力学是无时的，它为实际应用产生了无法解释的优秀解决方案，只要它的解决方案不与我们的时序宇宙的时间或因果关系（$t>0$）条件相冲突。例如，叠加的基本原理违反了因果关系条件，它不是一个可以在我们的时序宇宙中应用的物理可实现的原理。

7.1　薛定谔的无时（$t=0$）量子力学

现在让我们回顾薛定谔方程：

$$\frac{\partial^2\psi}{\partial x^2}+\frac{8\pi^2 m}{h^2}(E-V)\psi=0 \tag{7.1}$$

式中：ψ 为薛定谔波函数（或本征函数）；m 为质量；E 为能量；V 为势能；h 为普朗克常量。

鉴于这个薛定谔方程，我们看到它是一个无维度、无时的方程，正如预期的那样，因为薛定谔的量子机器是由建立在空白子空间基础上的奇异玻尔原子模型建立的。因为它不是一个时序方程，它不能直接在我们的时序宇宙中实现。另外，薛定谔方程并不表达粒子的量子态的相对位置，因为原子粒子一直被认为是一个点奇异物体，亚原子粒子的大小和位置被忽略。

因为玻尔的原子模型是自我包含的，这似乎与原子模型放置的子空间无关。这就像一个人在飞行器内行走，似乎与我们的运动（或时间）无关、与我们的星球的运动无关一样。然而，原子模型放置在一个无时子空间或时序的子空间中，这会有产生巨大的差别。如果一个原子粒子放置在一个无时的子空间中，它们的亚原子粒子的量子态和位置（见第6章）将叠加在一起，并且也位于无时子空间中的任何地方，就像在一个虚拟的数学空间中一样。由于量子力学本身就是数学，类似于麦克斯韦方程组，从薛定谔方程获得的解不能保证存在于我们的时序宇宙中。如果它的解（波动方程）应该放置在或应用于我们的宇宙中，那么，首先解必须是时序（或时间变量）函数；其次解必须符合时序宇宙的因果条件。然而，当原子模型放置在依赖于时间的或时序子空间中时，由于时序子空间具有坐标，所以非坐标亚原子粒子变得有维度了。因为时序子空间内的时间是距离，距离是时间。

然而，量子科学家的目标是根据薛定谔方程计算波粒二象性动力学，其波动力学的解由下式给出：

$$\psi(x,t)=A\exp[\mathrm{i}(kx-\omega t)] \tag{7.2}$$

式中：A 为任意常数；$k=2\pi/\lambda$，λ为波长；$\omega=2\pi\upsilon$，υ为辐射频率。

根据式（7.2）我们看到，波粒二象性本质上有两个变量（x；t）。正如玻尔的原子模型所期望的那样：一个表示正空间 x 方向上的行波；另一个表示在时间 t 变量上反向运动的波。我们看到，变量（x；t）与粒子的量子态能量 $\Delta E=h\Delta\upsilon$有着深刻的联系，但是没有显示出量子态的位置，因为玻尔的原子模型是点奇异近似的。然而，随着量子物理向亚原子尺度的应用移动，相对量子态位置和亚原子的尺度不可忽略。例如，应用于即时粒子纠缠通信和应用于同时量子态计算。

我们首先把每一个量子态波粒二象性看作一个点辐射器（见附录）；然后把它们的波动力学用本征态表示，即

$$\psi_N[\omega_n(t-\Delta t_n)] = A\exp\{-\mathrm{i}[\omega_n(t-\Delta t_n)]\} \tag{7.3}$$

式中，$n=1, 2, 3, \cdots, N$。

因此，我们看到粒子的多量子态中所有的量子态都“没有”叠加在一起，因为在时序子空间中，时间是距离，距离是时间，与叠加原理所承诺的所有的量子态同时存在相矛盾。一个多世纪以来，玻尔的原子模型一直被认为是点奇异近似。但是，实际上，每个亚原子粒子都有质量和尺寸，不管它们有多小，都不能完全忽视。因此，粒子量子态的完美叠加是不可能的。

7.2 寻找时序量子力学

现在我们分析开辟一个类似薛定谔体系的时序量子力学的可能性。答案是肯定的，但是有两种方法需要考虑。从严格的方法来看，我们必须在如图 7.1（a）所示的时序子空间的基础上建立一个新的量子力学，而不是使用薛定谔曾经使用的图 7.1（b）所示的模型，其中玻尔原子无意中淹没在一个空白的无时子空间中。

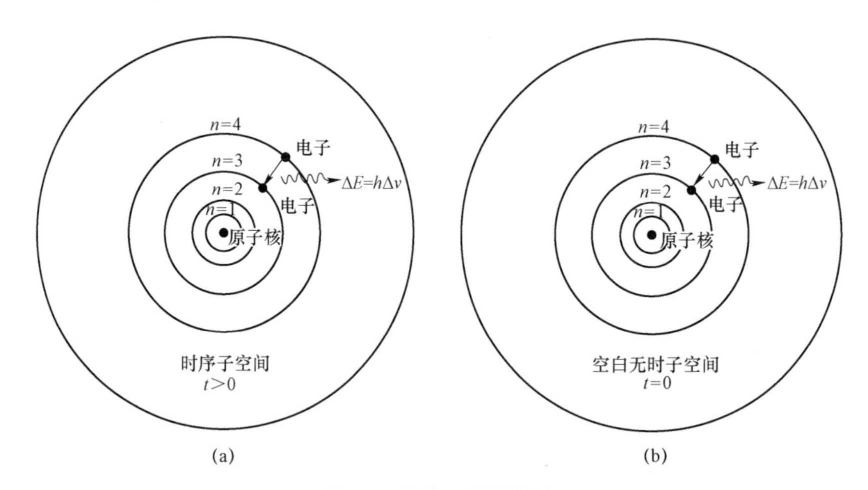

图 7.1 两个亚原子模型

（a）玻尔原子嵌入在时序子空间中；（b）玻尔原子嵌入一个空白的无时子空间

h—普朗克常量；υ—辐射频率（注意，把 $E=h\upsilon$ 改为 $\Delta E=h\Delta\upsilon$，这里 $\Delta\upsilon$ 是量子态能量的带宽）

参考薛定谔量子力学，如果愿意的话，我们需要一些时间建造一个时序量子力学。因为这不是我们目前的目标，我们选择暂时搁置它。然而，从信息理论家的角度来看，将首先用时序子空间取代薛定谔的量子力学所处的空白子空间。这正是在

重组现有量子力学使其成为时序力学时所做的事情：玻尔的原子模型是建立在图 7.1（a）所示的时序子空间之上的。

因为玻尔的原子模型是自我包含的，但是却陷入了一个如图 7.1（b）所示的错误的无时子空间中。根据原子模型，我们看到薛定谔波动方程是时变的（与时间相关的）方程，其本征值由下式给出：

$$\psi(\omega t)=\exp[-i(\omega t)] \tag{7.4}$$

式中：$\omega=2\pi\upsilon$为相应的角频率；t 为从波粒二象性获得的时间变量，类似于式（7.3）中给出的玻尔模型；υ为从量子态能量 $E=h\upsilon$发出的量子态辐射频率。

当我们回顾玻尔的原子模型时，我们发现该模型只提供了两条信息，即量子态能量 ΔE）和质量 m。但是它没有坐标，因为原子粒子的大小一直假设得很小，并把它当作一个无维度的点辐射器，这正是薛定谔波函数在其中没有显示坐标或位置。然而，当量子纠缠转移到距离应用或同时应用于量子态计算时，粒子的位置是不可忽略的。其中，时间依赖波函数仅仅与玻尔原子模型本身有关（或自包含），而与玻尔原子模型嵌入的空白子空间无关，如图 7.1（b）所示。另外，如果玻尔原子被淹没在如图 7.1（a）所示的时序子空间中，则时间相关波函数由时序子空间中的时间或因果关系条件来满足。我们看到图 7.1（a）中的原子模型是一个物理可实现的模型，它存在于我们的时序宇宙中。

通过忽略图 7.1（b）的非物理可实现模型，我们将展示量子态能量 ΔE 在空白子空间中的行为。我们注意到，量子态辐射的速度是瞬间的（$t=0$），辐射能量 ΔE 可以同时存在于无时空间的任何地方。这正是叠加原理所承诺的，但是，这一原理只存在于一个虚拟的无时空间中。这就是许多物理学家认为薛定谔猫悖论是科学悖论的原因。这与许多量子科学家将“瞬时和同时存在的”量子态（叠加原理）用于量子纠缠和量子计算的原因完全相同。但是，量子力学中的叠加原理并不存在于我们的时序宇宙中。

尽管如此，从图 7.1（a）和图 7.1（b）我们看到，υ是量子态能量的辐射频率。因此，量子计算的每一点都受到海森堡不确定性原理的限制，即

$$\Delta E\cdot\Delta t\geqslant h,\ \Delta\upsilon\cdot\Delta t\geqslant 1 \tag{7.5}$$

我们注意到，如果为了粒子纠缠而考虑泡利不相容原理的半自旋，海森堡不确定性原理可以写为

$$\Delta E\cdot\Delta t\geqslant h/2,\ \Delta\upsilon\cdot\Delta t\geqslant 1/2 \tag{7.6}$$

式中，$\Delta\upsilon$为量子态能量 ΔE 的带宽。

虽然量子态带宽 $\Delta\upsilon$越宽，时间分辨率 Δt 越窄，但是它也缩短了粒子纠缠距离或相干长度，即：

$$d \leqslant \Delta t \cdot c = c/\Delta \upsilon \tag{7.7}$$

式中，c 为光速。

海森堡不确定性原理方程式（7.5）告诉我们，在我们的时序宇宙中，量子计算的每一点或每一个量子纠缠都不是无限的，它受到固有量子态带宽 $\Delta \upsilon$的限制。这与叠加的基本原理相反：叠加原理显示了即时响应（$t=0$），并且同时存在于任何地方，没有任何物理限制。由于时间分辨率 Δt 受到 $\Delta \upsilon$的限制，量子纠缠的速度（对于量子计算也是如此）不会超过叠加的基本原理假设的光速。根据图 7.1 所示的原子模型，无论是量子纠缠还是即时量子计算，信息传输都必须以粒子的量子态能量 ΔE 为载体。对于这种情况，传输的每一位信息都受到粒子的量子态带宽 $\Delta \upsilon$的限制，这是海森堡不确定性原理施加的。

尽管如此，波函数的隐式描述代表了粒子波的动力学行为，如 exp［$-\mathrm{i}$（ωt）］的本征值所描述的，它是一个时间相关函数，但是以玻尔原子本身为参考（自时间）。然而，当原子模型放置于一个（数学上的）空白子空间中时，原子模型作为一个整体相对于容纳它的子空间是无时的。这类似于人在一架飞行中的飞机中行走，行走是相对于飞机的，与地球的旋转无关。有人可能会问，如果飞机位于一个空白空间里（尽管这不是一个物理上可实现的假设），那么你是相对于飞机所处的空白空间在行走吗？事实是，波函数不能指定粒子在原子中的位置，因为亚原子模型没有维度。然而，波函数的目的是通过波的形式描述粒子的波粒二象性。事实上，任何放置于空白空间里的物理模型都不是一个物理上可实现的模型，因为物质和绝对的空是相互排斥的。但是，数学家和量子力学家却可以使它发生——通过将时间原子放置在虚拟空间中，因为量子力学和数学一样是一种计算工具。

如图 7.1（b）中描述的玻尔原子模型，它直到现在仍然是粒子物理学家和量子力学家经常采用的模型。它已经使用了一个多世纪，并且从未遇到过任何重大问题，直到出现了如薛定谔猫以及叠加原理承诺的“即时”量子纠缠和“同时”量子态计算的悖论这样不受支持的假设。我们已经表明，无时的叠加原理不能存在于我们的时序宇宙中。无时的叠加原理的结果是从放置在空白框架上的量子力学中获得的解决方案。自 1935 年薛定谔方程出现以来，无时的叠加原理一直被认为在物理上真实的。

另外，如果一个人将玻尔的原子放置在时序子空间中，如图 7.1（a）所示。那么多量子态的相对位置必须指定，因为时序空间内时间是距离，距离是时间。粒子的量子态位置可以由波函数特征值（$t-\Delta t_n$）内的增量分量 Δt_n 表示。因此，第 n 个量子态相对于第 1 个量子态的间隔可以写为

$$d_n = c \cdot \Delta t_n,\ n=2,\ 3,\ 4,\ \cdots,\ N \tag{7.8}$$

式中，c 为光速；Δt_n 为第 1 个量子态相对于第 n 个量子态的时间间隔。

对应的本征值的波函数可以写为

$$\{\psi_1(\omega_1 t),\ \psi_2[\omega_2(t-\Delta t_2)],\ \cdots,\ \psi_N[\omega_N(t-\Delta t_N)]\} \tag{7.9}$$

式中，$\omega_n=2\pi\upsilon_n$为第N个量子态的角频率（$n=1, 2, 3, \cdots, N$）；Δt_n为相对于参考量子态$n=1$的时间间隔，时间间隔可以转换成距离，即

$$d_n=c\cdot\Delta t_n \tag{7.10}$$

图 7.2 给出了两个假设，其中图 7.2（a）表示分布在时序子空间内的一组粒子的量子态，它们的位置可以通过$d_n=c\cdot\Delta t_n n$物理上确定，因为时间是时序（即$t>0$）空间内的距离。而在图 7.2（b）中，我们看到一组输出波函数，它们的位置无法确定，因为它们位于一个无时的（$t=0$）环境中。这正是薛定谔的量子世界在$t=0$时所处的位置。需要进一步强调的是，无时的量子子空间不可能存在于我们的时序子空间中。这正是薛定谔猫悖论不是悖论的原因。

根据式（7.8）中描述的波粒二象性，量子态 1 和量子态n之间的互相干函数可以定义为

$$\Gamma_{1n}(\Delta t_n)=<\psi_1(\omega t)\psi^*_n(\omega_n(t-\Delta t_n)> \tag{7.11}$$

式中：“＜·＞”表示时间积分运算；“*”表示复共轭。

式（7.11）基本上可以写为

$$\Gamma_{1n}(\Delta t)=\lim_{T\to\infty}\frac{1}{T}\int_0^T\psi_1(t)\psi_n^*(t-\Delta t_n)\mathrm{d}t \tag{7.12}$$

第n个量子态相对于第 1 个量子态的互相干度可以表示为

$$\gamma_{1n}(\Delta t)=\frac{\Gamma_{1n}(\Delta t)}{[\Gamma_{11}(0)\Gamma_{nn}(0)]^{1/2}} \tag{7.13}$$

我们看到，两个量子态在$\Delta t_n=0$时有完美的互相干度，这与无时条件下（即$t=0$）的情况相同，薛定谔叠加原理位于$t=0$。然而，如果$t=0$和$\Delta t_n=0$（$d_n=0$），我们看到粒子的多量子态在$t=0$时崩溃。如果我们接受点奇异近似，则可以发现叠加基本原理成立，当且仅当它们位于$t=0$的无时量子空间中。换句话说，在无时的环境中，所有粒子波函数（或量子态）的位置在$t=0$时“发生”。但是，我们知道无时空间是一个虚拟的数学空间，不可能存在于我们的时序宇宙中。

由于每个量子态发射不同波长的辐射（υ_n），不同量子态之间高度的交互相干是非常不可能的。然而，如果我们把发射的量子态光束分成两条路径，那么这两条光束之间的自动相干函数可以写为

$$\Gamma_{nn}(\Delta t)=\lim_{T\to\infty}\frac{1}{T}\int_0^T\psi_n(t)\psi_n^*(t-\Delta t)\mathrm{d}t \tag{7.14}$$

式中：$n=1, 2, 3, \cdots, N$；$\psi_n(t)$为第n个量子态的波函数；Δt为两束光之间的

时间间隔；“*”表示复共轭。

自动相干的程度由下式给出：

$$\gamma_{nn}(\Delta t)=\frac{\Gamma_{nn}(\Delta t)}{\Gamma_{nn}(0)} \tag{7.15}$$

在 $t=0$ 时，我们看到了完美的自相关度，其中两个光束之间的路径长度没有差异。换句话说，两束光束传播的距离相等。

从图 7.2（b）所示的无时量子子空间，我们看到所有波函数叠加在一起，同时分布于整个无时量子子空间。这正是叠加原理的含义：多量子态可以同时存在于子空间中的任何地方。因此，在点奇异近似下，叠加原理只存在于一个空白的无时空间中，但是它不能用于时序空间中，因为无时和时序是相互排斥的。事实上，由于空白的和非空的（无时的和时序的）是互斥的，图 7.2（b）所示为在现实中不存在的虚拟数学模型。这正是薛定谔量子力学的结果，尽管他的量子力学为我们提供了许多可行的应用。

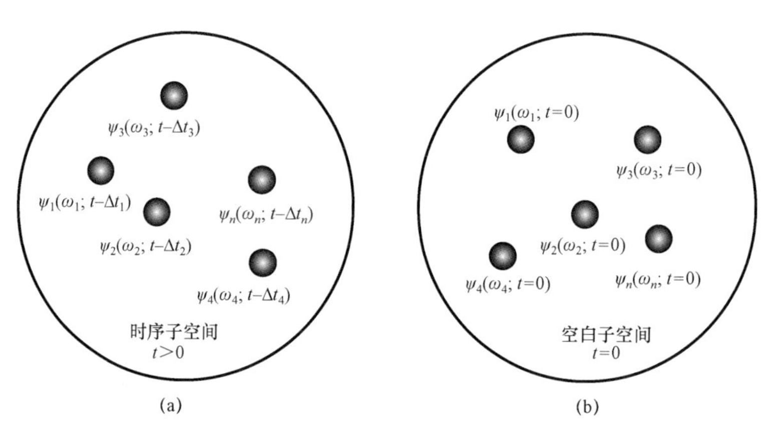

图 7.2　时序量子空间和无时量子子空间

（a）时序量子子空间；（b）无时量子子空间

图 7.2 分别显示了时序量子和无时量子子空间内假设分布的本征波函数。图 7.2（a）显示了本征值在时序量子子空间内不同时间出现的情况。图 7.2（b）显示了一个场景，其中所有本征值同时 $t=0$ 出现在一个虚拟的无时量子子空间中。

虽然它不是物理上可实现的，但是从虚拟数学的角度来看量子力学是可能的。我们假设一组不同的量子态波函数处于一个空白的无时子空间中，如图 7.3 所示。因为它是一个空白的子空间，量子态辐射的速度是无限大的（瞬时，$t=0$），并且根据叠加原理是同步的。这个例子是为了让读者相信薛定谔的基本原理——他的量子力学的核心——仅仅存在于一个虚拟的无时子空间中，因为量子力学也可以认为是数学。因此，在时序子空间中应用基本原理的核心是一个重大错误，因为无时的叠加在我们的宇宙中是不存在。在其中我们看到了这一点：所有这些基本原则承诺的“同时”和“瞬时”信息传输都是虚构的和虚拟的。

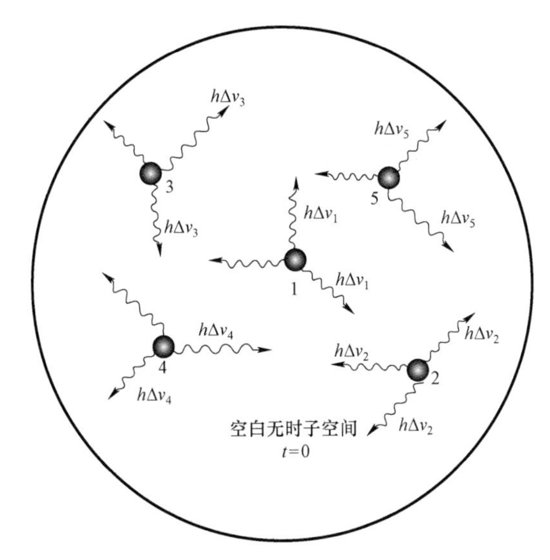

图 7.3 一个不可实现的模型，显示了空白的无时子空间中量子态辐射的行为

7.3 泡利不相容原理和粒子纠缠

泡利不相容原理指出，具有相同量子态的两个相同粒子不能同时占据相同的量子态，除非这些粒子以不同的半自旋存在。当一对粒子相互作用，使得粒子的量子态不能被独立描述时，量子纠缠就发生了，即使当粒子相距很远时，量子态也必须由这对粒子作为一个整体来描述。根据泡利原则我们断言，用于他发现的原子模型没有坐标（或位置）。这是一个合理的假设，因为原子大小的粒子非常小，在大多数情况下使用奇异性近似是恰当的。

然而，随着量子通信转向于远距离应用（或同时量子态计算），时间和因果关系问题不可忽视。我们发现纠缠粒子之间的分离成为一个问题，因为在我们的时序宇宙中，时间就是距离，距离就是时间。如图 7.4（b）所示，当两个粒子纠缠在一个无时的量子空间中时，因为在空白空间里，它没有时间，没有坐标和距离。我们看到纠缠粒子是瞬间的（$t=0$），并且可以在一个无时的空间里任意位置纠缠。实际上，物理粒子（时间粒子）不能存在于空白子空间中。只有量子力学家能把时序原子模型植入在一个空白子空间中，在这个子空间中，量子力学的行为就像虚拟数学一样。

另外，如图 7.4（a）所示，如果我们将一对纠缠在一起的粒子置入时序子空间中，情况就大不相同了。由于时间就是距离，波函数在物理上被 $d=c\cdot\Delta t$ 分开，在我们的时序宇宙中粒子不能即时纠缠。

鉴于泡利的半自旋排斥量子态由式（7.6）中的海森堡不确定性原理表示，它的半自旋纠缠距离受到辐射带宽的限制。类似地，两个半自旋纠缠粒子之间的相互纠缠函数可以写为

$$\Gamma(\Delta t)=\lim_{T\to\infty}\frac{1}{T}\int_0^T\psi_1(t)\psi_2^*(t-\Delta t)\mathrm{d}t \tag{7.16}$$

式中：ψ_1 和 ψ_2 为两个纠缠波函数；“*”表示复共轭；t 为从波粒二象性获得的时间变量；Δt 为纠缠粒子之间的时间间隔，$\Delta t=d/c$，d 为两个纠缠粒子之间的物理间隔。

我们再次看到一个完美的纠缠发生在 $t=0$ 时（两个粒子如式（7.14）所述叠加在一起），有

$$\Gamma(0)=\lim_{T\to\infty}\frac{1}{T}\int_0^T\psi_1(t)\psi_2^*(t)\mathrm{d}t \tag{7.17}$$

式（7.17）只在点奇异近似下为真。鉴于相互纠缠的功能，纠缠的强度随着分离（Δt）的增加而迅速降低，因为在时序子空间中，纠缠粒子之间的间隔是 $d=c\Delta t$。换句话说，在我们的宇宙中，一个人不可能凭空有所得，总是要付出能量和时间（ΔE 和 Δt）代价的，量子纠缠也不能例外。我们也已经证明了“瞬间”纠缠不存在于我们的时序宇宙中。我们再次强调，量子力学中假设的基本原理只存在于虚拟的无时空间中，而不存在于我们的时序宇宙中。

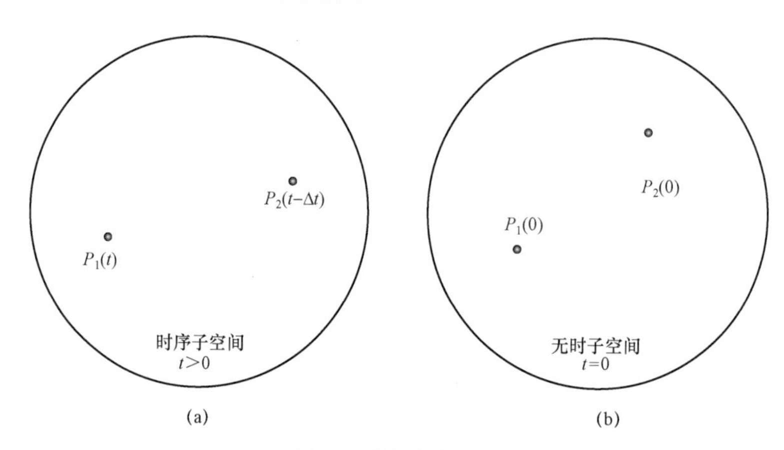

图 7.4 粒子量子纠缠

（a）示出了时序子空间内的粒子纠缠视图；（b）无时子空间内的粒子纠缠视图

鉴于前面所有的论点，我们看到所有亚原子量子分析都需要一个时序亚原子模型。否则，将出现没有经过证实的虚拟解。我们已经证明，由于无时和时序是互斥的，假设无时的粒子纠缠存在于我们的宇宙中在物理上是不可能的。并且，相互纠缠的距离受到两个粒子之间相互纠缠的程度的限制，即

$$\gamma_{12}(\Delta t)=\frac{\Gamma_{12}(\Delta t)}{[\Gamma_{11}(0)\Gamma_{22}(0)]^{1/2}} \tag{7.18}$$

因为薛定谔量子力学是用无维度的玻尔原子模型建立的，它只有两条信息：电子的量子态能量 $h\Delta\upsilon$和质量 m，从这个原子模型得出的任何解都不能超过这个原子模型所提供的信息（$h\Delta\upsilon$，m）。薛定谔波动方程（$\psi(x,t)=A\exp[\mathrm{i}(kx-\omega t)]$）是电磁波方程，来自这个波动方程的任何量子态辐射都不能超过光速，其辐射能量受量子态带宽 $\Delta\omega$（或 $\Delta\upsilon$）的限制。考虑到量子态带宽，量子纠缠受到式（7.16）给出的相互纠缠长度的限制。这表明，纠缠不具有叠加原理所承诺的瞬间性。从中我们可以看到，量子纠缠在我们的宇宙中是可能的，但是它受到光速的限制。粒子纠缠距离受相互纠缠长度的限制，相互纠缠长度由泡利的排斥性半自旋原理决定，由以下不确定关系式给出：

$$\Delta E\cdot\Delta t\geqslant h/2,\quad \Delta\upsilon\cdot\Delta t\geqslant 1/2 \tag{7.19}$$

半自旋量子态带宽越窄，相互纠缠长度越长，即 $d=c/(2\Delta\upsilon)$，其中 c 为光速。

7.4　虚拟和时序双重性

科学推导最重要的方面是：必须证明它是否存在于我们的宇宙之中，否则它就像虚拟数学一样是虚构的。因此，如果没有确凿的物理证据，任何假设的科学，甚至世界著名物理学家的提议，都不能视为存在于我们宇宙中的真正的科学。例如，如果世界上最伟大的天体物理学家之一告诉我们黑洞提供了一个物理通道连接我们的宇宙和另一个宇宙，这是荒谬的。或者有一个关于所有理论的理论，作为一个知识渊博的科学家，你会认真对待它吗？如果世界上最伟大的数学家之一在我们的宇宙中发现了一个 10 维子空间，你会不会好奇到去找出它存在于我们的宇宙中？我们都是人类，包括世界上所有杰出的科学家、学者、数学家和哲学家（过去、现在和未来）都不完美。

众所周知，数学中的每一个假设都需要我们证明，在寻找解决方案之前，假设存在一个解决方案。然而，这并不能保证我们能找到解决办法。然而，在科学上，我们没有一个明确的标准作为数学的度量：首先证明一个分析解存在于我们的宇宙中，然后通过实验验证它是否存在。没有这样的标准，则虚拟的甚至是虚假的科学出现了，就像已经到处发生的那样。我们的目标之一是，需要一个科学的标准来证明我们的时序（$t>0$）宇宙中存在解析解，然后通过实验验证它的存在。换句话说，任何解析解都需要满足我们的宇宙的基本边界条件：时序、因果和维度，否则它就如同数学一样是虚拟的。量子力学中的叠加原理就是其中的一个例子，我们已经证明它只存在于一个虚拟的无时子空间中，它不存在于我们的时序宇宙中。

因为时间和物质是共存的，每个子空间都需要时间来创造，而创造的子空间不能用来换回创造所用的时间。我们已经看到，距离就是时间，时间就是距离。换句话说，我们的宇宙中的每样东西都有一个用能量 ΔE 和时间 Δt 表示的。能量 ΔE 和时间 Δt 的数量也是每一比特信息的表示，需要能量 ΔE 和时间间隔 Δt 来创建、传输、存储、计算、删除或破坏，正如海森堡不确定性原理（$\Delta E \cdot \Delta t \geqslant h$，$\Delta \upsilon \cdot \Delta t \geqslant 1$）所表示的。

正如在第 4 章中我们已经看到的，信息可以在量子有限子空间（QLS）内部或外部传输。对于时间－数字传输，我们已经表明使用较宽的带宽 $\Delta \upsilon$载波具有用于快速传输的较短持续时间 Δt 的优点，但是较宽的带宽对于噪声扰动也更脆弱。另外，对于频率—数字传输，我们更喜欢较窄的带宽。虽然它需要较长的传输时间 Δt，但是它具有噪声扰动较低的优点。

使用模拟信息传输的固有优势比时间—数字（或频率—数字）传输具有更高的信息容量，但是数字信号可以重复（刷新），而模拟信号则不能。在其中我们看到了这一点：在通信中使用数字技术的主要优点是抗噪声，而不仅仅是传输简单。然而，使用高速光载体进行快速传输是有代价的。

考虑时间—数字或频率—数字传输，它们基本上使用强度 ΔE 进行传输，这种传输受到海森堡不确定性原理的限制，也就等同于在 QLS 域之外的通信。其中，我们已经表明（见第 4 章），复振幅信息可以在 QLS 区域内被利用。但是，复振幅传输受限于由 $d=c/\Delta \upsilon$给出的信息载体的相互相干长度，其中 $\Delta \upsilon$为载体的带宽（如量子态能量带宽）。

量子计算基本上是利用同步量子态进行计算。第一，我们看到交叉同时状态（如 υ_1，υ_2）不能用于复振幅通信，因为它们是互不相干的。第二，如果我们将量子态辐射分成两条路径同时进行复振幅通信，但是它将再次受到量子态带宽 $\Delta \upsilon_1$ 的限制。因此，量子辐射器的互相干长度（$d=c/\Delta \upsilon_1$）限制了信息处理能力。因为在我们的宇宙中，时间就是距离，距离就是时间。换句话说，复振幅量子计算在 QLS 是可能的，但是计算能力受到量子态带宽 $\Delta \upsilon_1$ 的限制。

我们进一步注意到，量子纠缠基本上是在 QLS 内部传递的，这取决于泡利的半自旋量子排斥原理。根据玻尔的原子模型，很容易看出粒子纠缠依赖于 $h\Delta \upsilon/2$ 的量子态半自旋，它是电磁波，粒子纠缠不能超过光速。其次，纠缠距离（$d=c/2\Delta \upsilon$）受式（7.19）泡利—海森堡不确定性原理（$\Delta \upsilon/2$）的限制。鉴于 $d=c/2$ 的相互纠缠距离，量子纠缠通信是在 QLS 内部进行的，而不是在 QLS 外部。因为纠缠的粒子量子辐射频率通常由于非常小的原子尺寸而更高——其具有更宽的半自旋量子态带宽，限制了粒子之间的纠缠距离。

7.5 薛定谔量子力学回顾

自1935年以来，薛定谔猫悖论已经困扰量子物理学家超过了85年，世界著名物理学家直到现在都在争论这个问题。忽略这个悖论是正常的，因为我们是不完美的，也是非常有局限性的。正如我们都同意的那样，每一条定律，包括物理学的基本定律和悖论，都是会被修正或被打破的。我们应该预见，变化并接受事实上的科学也是时序的。例如，牛顿空间多年来一直把时间当作独立变量，但是后来我们发现牛顿空间违反了我们时序宇宙的基本边界条件：物质和时间并存。至于薛定谔猫悖论也不能例外，我们发现薛定谔叠加原理是无时的，其中一个粒子同时存在的多量子态并不存在于我们的宇宙中。原因很简单，如果我们分析图7.5所示的玻尔原子模型，假设薛定谔可能用这个模型发展了他可行的薛定谔方程和波动方程。

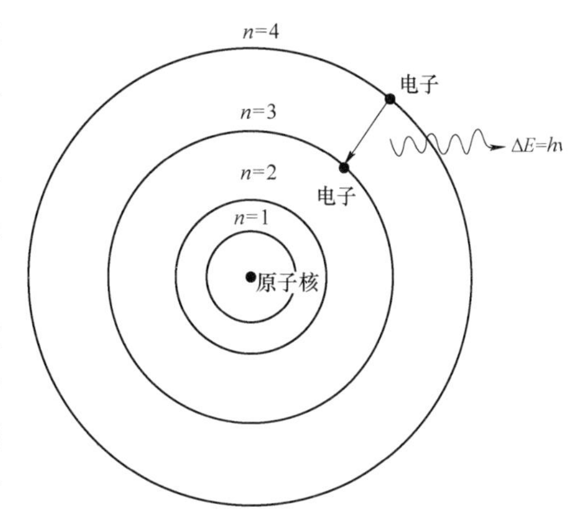

图7.5 玻尔原子模型

h—普朗克常量；v—量子态辐射频率

在观看这个奇妙的玻尔模型时，我们看到它把原子看作点奇异近似——没有维度和坐标。这个模型提供的最有价值的信息之一是量子态能量 h，这样薛定谔就能够发展他的复杂的量子力学。然而，当我们从信息论的角度来看这个模型时，无论使用多么复杂的数学操作，产生的任何解都将受到假设的量子态 h 的限制，量子态 h 不是时间受限（Δt）和频带受限（Δv）的可实现辐射。虽然近一个世纪来，薛定谔方程给了我们量子物理中许多有用的解，但是正是 h 的有限量子态信息给我们带来了意想不到的虚解——如不存在的叠加原理，它创造了一个像数学一样虚拟的无时量子世界。

然而，假设量子态能量是连续波辐射器（hv）还有一个额外的好处，它简化了数学推导。但是，使用玻尔模型获得的解决方案是受物理现实限制的，因为量子化能量 ΔE 应该是受时间 Δt 限制的。换句话说，每个量子态辐射都必须受时间和波段限制的（Δt 和 Δv）。在实践中；受时间和波段限制（Δv，Δt）辐射（或小波）是一个物理上可实现的假设。当薛定谔发展他的量子力学时，他就应该使用了。这可能是我们的前辈仔细研究过这个问题并将量子态能量视为“连续无带宽”电磁波发射器的原因之一。

现在，提供一个双量子态（多量子态场景）原子模型作为图7.6中描述的例子，假设原子模型中有两个离散量子小波辐射器。该模型表明，双量子小波将非常“不可能”同时发生——与图 7.5 所示连续波辐射器的叠加原理形成对比。因此，我们看到：如果叠加的基本原理是基于小波假设（Δt 和 ΔE）而非连续波模型，那么量子态的同时性就不会发展成为量子力学的基本原理，进而我们就不会有薛定谔猫悖论和无时量子世界这样奇幻的东西。

科学的进步是时序的，新思想、新决策与替换和改进是科学各个部门的必然事件。玻尔早在 1911 年就提出了原子模型，这是一个多世纪前的事了，随着我们进入亚原子领域，现在也许是时候修改原子模型以寻求更好的解决方案了。为了避免出现虚拟的解决方案，此时可以使用图 7.7 给出的更可靠的时序原子模型。这个模型示意图给出了时间和波段受限的量子（$\Delta E=h\Delta v$）状态能量。

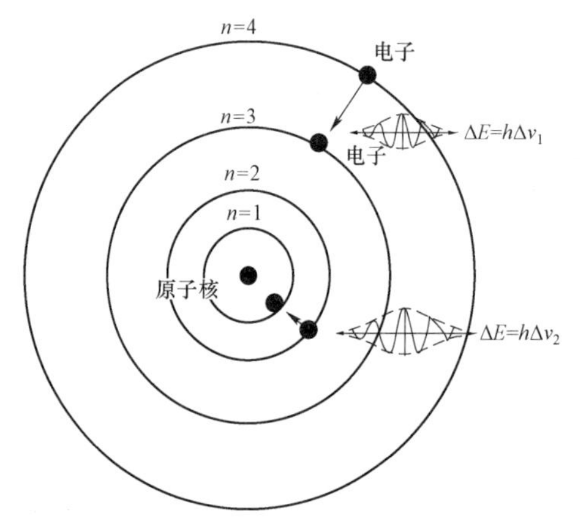

图 7.6 双量子态原子模型

h—普朗克常量；Δv—带宽量子态辐射频率

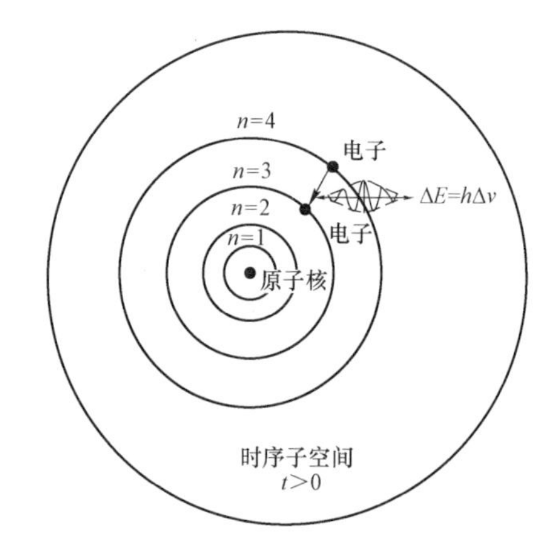

图 7.7 时序原子模型

$\Delta E = h\Delta v$代表时间和带限的量子化态能量

其中，我们示出了放置在一个时序子空间中的修正的玻尔原子模型，它的量子态能量由一个受带宽和时间限制的辐射能量（$\Delta E=h\Delta v$）的小波表示，而不是一个连续波发射器。尽管量子力学方程的推导（类似于薛定谔方程）仍然可以用于连续波发射器（hv）。但是，为了数学上的简单，毕竟科学是近似定律，这个模型使我们向更接近于更现实的、简化版的“时序量子力学”迈出了一步。鉴于图 7.7 所示的新模型，我们预计从这个新版本中推导出的波动方程的形式为

$$\psi[\omega(x;t)]=A\exp(-\alpha t^2)\exp[\mathrm{i}kx-(\omega t)],\quad t>0 \tag{7.20}$$

式中：A 为任意常数；$\omega=2\pi v$，v为量子态频率；x 为空间变量；α 为任意常数；t 为 $t>0$ 的正向变量。

为此，小波的本征值可以表示为

$$[\omega(t)]=\exp(-\alpha t^2)\cos(\omega t)],\quad t>0 \tag{7.21}$$

我们看到，量子态小波受到图 7.8 所示的 Δt 的限制，而不是连续波辐射器。

不用说，对于多量子态小波，我们预计量子化小波的形式为：

$$[\omega_n(t-\Delta t_n)]=A\exp[-(t-\Delta t_n)^2]\cos[\omega_n(t-\Delta t_n)],\ t>0;\ n=1,\ 2,\ \cdots,\ N \tag{7.22}$$

式中：$\omega_n=2\pi\upsilon_n$；Δt_n 为 $n=1$，2，…，N 的量子态之间的时间间隔。

图 7.9 显示了一个奇异点近似的原子多量子态发射的场景，我们看到量子态能量不是同时发射的。如果薛定谔考虑了量子态的时间和带宽受限的问题，他可能不会发展出叠加原理——但是，叠加原理并不存在于我们的时序宇宙中。

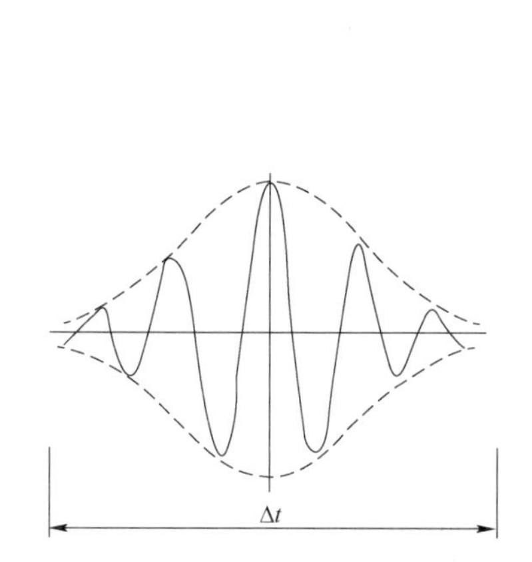

图 7.8　受时间限制的量子态小波（$\Delta E=h\Delta\upsilon$）

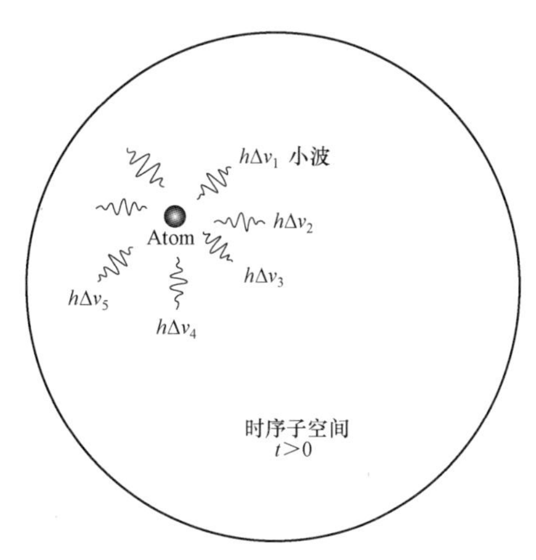

图 7.9　时序子空间内的多量子态发射

让我们回顾图 7.10 中描述的例子，其中我们有位于无时—时序相级联的子空间中的两个受时间限制的量子态小波。图 7.10（c）显示了在时序空间内的相应响应，其中两个受时间限制的小波在 $t=0$ 时崩溃：输入小波失去了它们最初的时间特性。如果我们将图 7.10（c）的这个无时响应放置于图 7.10（d）的时序空间中，那么时序空间内的响应可以在图 7.10（e）中看到。我们看到，响应符合时序和因果关系的约束。对此响应没有显示出保持原始小波时间和空间特性的迹象，我们再次证明了叠加原理不存在于图 7.10 所示的级联（无时—时序）系统中。我们也再次证明了叠加是无时的，只能作为数学度量存在于空白空间。

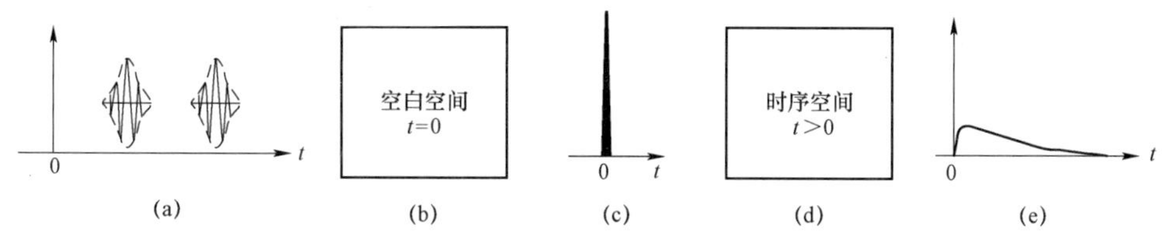

图 7.10　级联的无时到时序空间的系统表示

（a）插入图（b）的无时空间的一组时间受限小波；（c）来自空白空间的输出；（d）时序空间内的相应响应；（e）输出失去了所有原始的输入个性

因此，我们强调：即使不考虑物理上是否可以实现，在我们的时序宇宙中植入一个无时的假设原则（分析解）也是一个“严重的错误”。除了无时空间和时序空间不能共存之外，事实是只有量子力学可能做到这一点，这是因为量子力学是数学。我们已经表明，在我们的时序宇宙中的总体响应已经失去了它们所有的时序和空间特性。

然而，如果一个人要求无时的叠加在我们的时序宇宙中“无时间地”表现，这会是一个“更严重的错误”。这正是一些量子物理学家声称在粒子尺寸范围内粒子的行为就像“爱丽丝梦游仙境”的原因。但是，他们已经忘记了在我们的宇宙中，时间就是距离，距离就是时间。例如，无论粒子有多小或间隔有多小，它们的尺寸和间隔都不可忽视——因为 $d=c\cdot\Delta t$，其中，Δt 为量子态小波之间的时间间隔，c 为光速（一个巨大的量）。

现在我们回顾 85 年前发展起来的量子力学。在我们学习了数学的“无时”基本原理（解析解）之后，我们可能会理解量子力学究竟是何物。引用理查德·费曼的一句话：“如果你认为你懂得量子力学，你就不懂得量子力学。”现在，你可能会学到你不懂的部分：量子力学和数学一样是一个无时的机器，它的基本原理和量子世界是无时序的。尽管如此，原则上我们可以建立一个时序量子力学，前提是量子机建立在时序子空间上，正如我们在 7.2 节中介绍的。

此外，几乎所有科学的基本定律都是点奇异性假设得来的，很难描述我们的时序宇宙这样的多维物理问题。本章展示了我们的宇宙是从无维度能量定律（$E=mc^2$）到三维的时间相关空间而形成的。与使用点奇异方法相比，当使用子空间（集合论）表示时，就降低了数学操作的复杂性，为我们提供了更简单的描述。此外，从前面的介绍中我们发现：科学（解析解）是数学。但是，数学并不等同于科学，除非它的解析解满足我们宇宙的边界条件——维度、时间和因果条件。

结　语

因为薛定谔量子力学是在无时的子空间中发展起来的，所以他的力学是无时的。薛定谔叠加原理也是无时的，并不存在于我们的时序宇宙中。我们试图发展一种存在于我们的时序宇宙中的、时间相关或时序的量子力学。我们已经证明，从处于时序子空间中的原子模型中获得的解才能保证这个解存在于我们的宇宙中；否则就会出现虚拟的解决方案，产生不可想象的后果。例如，薛定谔猫悖论，自 1935 年提出以来，关于这种悖论的争论已经持续了 80 多年。其中，我们也看到整个薛定谔的量子世界，包括薛定谔叠加原理的核心，是无时的。但是无时的叠加并不存在于我们的宇宙中。事实上，那些用于量子计算的“同时存在”的量子态和用于通信的“即时”粒子纠缠只存在于一个虚拟的无时数学空间中。我们还表明，如果原子模型处于在时序框架内，时序量子力学获得的解将符合我们的时序宇宙的边界条件，那么我们可以建立时序量子力学。然而，对于薛定谔量子力学而言，只要它的解不违反我们的时序宇宙的因果关系条件，在实际应用中就确实能产生的优秀结果，但是薛定谔叠加原理（$t=0$）已经违反了这个条件。

最后，我们强调：如果一个人将无时序的叠加原理强加于我们的时序宇宙，并期望这个基本原理在我们的时序宇宙中无时间地运行，这会是一个严重的错误。这正是我们检验一个新发现的数学科学的标准：首先是证明它存在于我们的时序宇宙的因果关系和维度边界条件之内；然后通过重复进行实验验证。

参考文献

[1] E. Schrödinger, “Die gegenwärtige Situation in der Quantenmechanik (the Present Situation in Quantum Mechanics),” *Naturwissenschaften,* vol. 23, no. 48, 807–812 (1935).

[2] F. T. S. Yu, “Time: The Enigma of Space,” *Asian J. Phys.*,vol.26,no.3,149–158 (2017).

[3] F. T. S. Yu, *Entropy and Information Optics: Connecting Information and Time,* 2nd ed., CRC Press, Boca Raton, FL, 2017, 171–176.

[4] L. Susskind and A. Friedman, *Quantum Mechanics*, Basic Books, New York, 2014, 119.

[5] N. Bohr, “On the Constitution of Atoms and Molecules,” *Philos. Mag.*, vol. 26, no. 1, 1–23 (1913).

[6] K. Życzkowski, P. Horodecki, M. Horodecki, and R. Horodecki, “Dynamics of Quantum Entanglement,” *Phys. Rev. A,* vol. 65, 012101 (2001).

[7] T. D. Ladd, F. Jelezko, R. Laflamme, C. Nakamura, C. Monroe, and L. L. O’Brien, “Quantum Computers,” *Nature*, vol. 464, 45–53 (March 2010).

[8] E. Schrödinger, “Probability Relations between Separated Systems,” *Mathe-matical Proc. Cambridge Philos. Soc.*, vol. 32, no. 3, 446–452 (1936).

[9] L. D. Landau and E. M. Lifshitz, *Quantum Mechanics,* Pergamon Press, Oxford, 1958, pp. 50–128.

[10] W. Heisenberg, “Über den anschaulichen Inhalt der quantentheoretischen

Kinematik und Mechanik," *Zeitschrift für Physik,* vol. 43, 172 (1927).

[11] W. Pauli, "Über den Zusammenhang des Abschlusses der Elektronengrup-pen im Atom mit der Komplexstruktur der Spektren," *Zeitschrift für Physik,* vol. 31, 765 (1925).

[12] F. T. S. Yu, *Introduction to Diffraction, Information Processing and Holography,* MIT Press, Cambridge, MA, 1973, p. 94.

[13] F. T. S. Yu, "The Fate of Schrodinger's Cat," *Asian J. Phys.,*vol.28,no.1,63–70 (2019).

[14] F. T. S. Yu, "Information-Transmission with Quantum Limited Subspace," *Asian J. Phys.,* vol. 27, no. 1, 1–12 (2018).

附　录

附录 A　粒子和波动力学相关内容

从时序宇宙来看，我们的宇宙中的每个子空间都是一个依赖于时间的子空间，其中时间是一个“前向依赖的变量”，它与每个子空间共存。我们的宇宙中时间的流逝速度是由我们宇宙产生时的光速决定的。换句话说，我们的宇宙中的任何子空间（物质）都是依赖于时间或时序的子空间，其中子空间内的时间流逝的速度与整个宇宙的时间流逝速度一致（或步调一致），否则子空间就不能存在于我们的宇宙中。例如，在我们的宇宙边缘的一个子空间内的时间流逝速度与靠近宇宙中心的子空间的速度相同。另外，如果一个子空间内的时间速度比我们的宇宙的时间速度快或慢，那么这个子空间就不能存在于我们的宇宙中。一个极端的例子是无时的（空白的）虚拟的数学空间。首先，它不是一个时序空间；其次，这个空间没有时间，它不能存在于我们的时序宇宙中。

我们的宇宙中的每个子空间是由一定的能量 ΔE 和创造子空间的一段时间 Δt 创造的，我们不能将子空间换回用于创造它的那段时间 Δt。然而，根据爱因斯坦质能方程（$E=mc^2$），能量和质量之间有着深刻的关系（ΔE，Δt），其中能量 ΔE 和带宽 $\Delta \upsilon$之间存在二象性。然而，如果没有与时间共存，二象性会在无时的空白空间崩溃，这不是我们宇宙中的子空间。

让我们观察能量 ΔE 和带宽 $\Delta \upsilon$的二象性。首先，它必须是波的存在，否则它就不会有带宽方面的问题。那么波是什么呢？波只能存在于时序子空间中，因为物质和时间是共存的，否则，波不能随时间传播。换句话说，波只能存在于产生波的时序介质

（物质）中。这也是许多量子物理学家认为量子跃迁辐射在空白空间传播所忽视的关键因素之一。除了物理上可实现的问题，物质（辐射）和空白空间是相互排斥的：事实上，波不可能存在于一个空白（无时）的空间中。其次，根据海森堡测不准原理，每个物理辐射都必须有带宽 $\Delta\upsilon$和时间 Δt 限制，即

$$\Delta\upsilon \cdot \Delta t \geqslant 1$$

我们看到能量和带宽之间存在如下关系：

$$\Delta E = h\Delta\upsilon$$

式中，h 为普朗克常量。

这是众所周知的量子跃迁能量或电磁辐射的“量子”，其中我们看到一份时间受限的能量 ΔE，它在我们的时序宇宙中以光速传播。

然而，波粒二象性的根源是声波“纵向”传播的声波动力学。例如，吉他产生的声波是由满足波长选择性边界条件的振动弦产生的，该边界条件导致小波脉冲(时间和带宽受限）在大气空间内传播。由于声波是一种纵波，因而声波的传播依赖于固体材料、液体或空气等介质。换句话说，没有这种介质，任何声波都不能在介质中产生。因此，粒子波动力学是一种数学描述，通过使用动力学波传播预测假设的粒子扰动行为。注意，我们的图像实际上是固定端的弦振动，而不是粒子——我们看到的实际上是一个波动动力学的弦。

另外，电磁波是在电磁（EM）介质（磁导率μ和介电常数ε的介质）中传播的横波。我们再次注意到，空白空间里没有介质，而电磁波不能存在于一个空白的空间中。鉴于粒子波二象性描述，电磁波动力学存在于我们的时序子空间中，这并不意味着电磁波是通过空间中的物理粒子（光子）扰动产生的，因为每个物理粒子都需要具备静止质量。光子表现为粒子的概念已被广泛接受，但是这一假设很难与相对论相一致。光子不具有质量，对于这个质量，我们将把每个光子看作一个虚拟粒子，它与能量量子 $h\Delta\upsilon$相联系。虽然从相对论（爱因斯坦质能方程）的观点来看，质量和能量是等价的。但是，电磁能量的量子不是由静止质量的湮灭产生的，而是由每个量子态跃迁辐射 $h\Delta\upsilon$释放的电磁能量的形式。正因为如此，能量 E 到小波 $\Delta\upsilon$ 的二象性是对量子态动力学行为的更好描述。由于能量有不同的形式，如势能、动能、化学能、辐射能、核能等，光子能量是一种小波包辐射，它是由原子内电子的量子跃迁产生的。光子的波粒二象性描述了能量 ΔE 到小波（$\Delta\upsilon$）的动力学或简单的（ΔE，$\Delta\upsilon$）二象性。从较高量子态到较低量子态的能量转移以电磁波的形式释放能量，非常类似于吉他的固定弦振荡。因此，用能量到小波（ΔE，$\Delta\upsilon$）的二象性描述量子跳跃波动力学更合适，否则波粒二象性给我们一个概念，即光子是物理粒子而不是能量（量子）。我们看到，一个受时间限制的小波代表一个能量，一个能量也代表一个受时间限制的小波。

附录 B 理论物理学家的“错误”

杨振寰（Francis T.S.Yu）

电气工程系 Evan Pugh 荣誉退休（大学）教授，美国宾夕法尼亚州立大学，大学公园，PA 16802

摘 要

理论物理学使用了令人惊叹的数学范式，加上奇妙的计算机动画，提供了非常令人信服的结果。但是这些数学建模和计算机动画是虚拟的，它们中的许多解析解在物理上无法实现。当前理论物理学家的错误之处在于，他们通常使用一个永恒的（$t=0$）数学子空间进行分析，而这样的子空间在我们的时序（$t>0$）宇宙中是不存在的。其原因是：重要的并不是数学（或计算机模拟）有多么严谨和多姿多彩，而是一个物理可实现范式的本质。例如，自科学诞生以来，无时间模型就一直在使用；尽管它获取了无数优良的解，但是它也产生了许多无时间或不存在的解，而这些解在我们的时序宇宙中并不存在。本篇将展示一些理论分析用于物理学的例子，其中涉及一些过去和现在的世界闻名的理论科学家。然而，理论物理学家过去是、现在也仍然是物理学所有基本定律和原理的创造者，他们有责任把我们带回物理上可实现的科学世界；否则，我们仍将被困在一个虚拟的、永恒的数学领域。

关键词：理论物理，时序空间，永恒空间，虚拟空间，牛顿空间，物理可实现性，量子力学，宇宙学，相对论

引 言

在数学中，在寻找解之前需要先证明解存在。然而在科学领域，它似乎不像数学那样有一个标准：首先证明这个假设条件存在于我们的时间（$t>0$）宇宙中。没有这样的标准，虚拟科学就出现了，如同每天发生的事情一样。本篇文章的主旨之一在于，尽管物理学家是科学的创造者。但是，在这篇文章中，我将理论展示他们的错误。所有的物理定律都是会被打破和修正的，包括悖论和原理。科学就是这样。所有的物理定律、原理和范式在过去都运行良好，这并不意味着将来也会适用——因为我们研究的空间越来越广、粒子越来越细微。随着越来越多复杂的物理学发现，更新定律和范式的必要性不可避免。否则，由于理论物理是一种应用数学，会出现非适用解和虚拟解。

理论物理学家一直都是现代科学的创造者，他们有责任区纠正他们最近对物理学所做的事情。尽管他们似乎很清楚，他们的一些解析解并不合理而且很怪异，正如一个世纪前爱因斯坦所指出的。但是，他们并没有尽力找出原因，相反地，他们不断地提出不起作用的解决方案，并假装它们能够在我们的宇宙中真实地存在。为此，我们看到许多虚构的科学是由他们的雄心壮志精心策划出来的，这已经成为科学研究的主题。例如，量子计算的优越性、粒度时间变量、扭曲时空、重复循环的宇宙等。随后的讨论中显示，它们实际上无法存在于我们的时序宇宙。

证　据

事实上，数学（或计算机模拟）有多严格并不重要，一个物理可实现范式的本质更加重要。例如，在科学诞生之初，许多世界著名的科学家和理论物理学家已经使用了虚拟空间模型(数学空间)。理论物理学家今天仍在使用这种虚空的空间范式，"无意中"忽视它是一个不存在于我们的时序宇宙中的、虚拟的子空间。正如我们所看到的，虚空空间范式不仅为理论物理学家和我们所有人提供了对可行解的令人印象深刻的描述。由于虚空子空间是很自然地出现在一张白纸上，人们却不知道数学模型背后的物理是一个物理上不真实的、无法使用的子空间，但是我们在科学中从开始就一直在无意地使用它，因为科学也需要数学。

直到最近，我才发现一个从一个世纪前的一张纸上画出的原子模型中导出的解释非物理可行解，它是薛定谔猫的悖论。虽然，空的空间范式给出了许多可行的结果，但是它产生了许多不合理的、奇怪的解决方案，爱因斯坦称为"幽灵"。它们所推导出的结果可以作为证据：鉴于所有的结果不合逻辑、违背物理现实，可以肯定有些东西是非常错误的。但是，为了纠正当代世界上最负盛名的科学家的不合理的评论，理论物理学家给出了一个看似非常令人信服的答案：尽管微粒子已经成功地应用于宏观空间，粒子在微观空间中的行为与在宏观空间环境中的行为不同。这一定是有力的正当理由：尽管爱因斯坦、玻尔、薛定谔和其他许多人在1935年哥本哈根的科学会议上展开了激烈的辩论，薛定谔猫的悖论至今仍挥之不去，但是这不利于进一步探究。正如理查德·费曼说过的："在你学习了量子力学之后，你更不懂量子力学"。但是，大多数理论物理学家仍然相信他们的解是物理上真实的，因为他们的许多解已经成功地应用于实践。

虽然我不是物理学家，但是我发现最近从一个空的空间范式中获得的解有很多是永恒的。严格地说，人们无法直接在我们的时序空间中实现永恒的解，如量子力学的叠加原理。然而，有些永恒的解也可以使用，但不能直接在我们的时序宇宙使用，如爱因斯坦能量方程。

因为理论物理学家需要数学，但是数学不是物理，除非得到的解析解符合我们宇宙的边界条件：因果关系（$t>0$）和维数。然后，这个解析解才是一个物理上可实现的解，进而可以应用到我们的宇宙中。

理论分析的责任

正如我们所知道的，物理学是物理上的真实，而数学是抽象上的虚拟。然而，华丽的数学推导并不保证对应的解析解在物理上是真实的。相反地，物理可实现范式决定了对应解是物理可实现的。换句话说，如果一个人使用一个空的子空间模型求解一个物理问题，那么它的解析解很可能是永恒的。例如，使用薛定谔波动方程分析粒子的量子动力学行为，则粒子动力学解对于模型所处于的空的空间是永恒的，因为空的空间是一个永恒的空间。

例如，所有复杂的数学，如希尔伯特空间、巴拿赫空间、黎曼曲面、拓扑空间、群论等，理论物理学家都使用过。除此之外，这些奇特的数学方法并不是由理论物理学家提出的，而是由一群抽象的数学家提出的。在他们看来，理论物理实际上是一种“应用”数学，或者简单地说，就是数学。

由于理论物理是数学，他们肩上的责任就是为我们提供实际的物理真实解。然而，他们一直在给我们虚拟的解决方案，尽管他们知道其中一些结果是不合理的、可怕的，而这些爱因斯坦在一个世纪前就已经指出了。

在我看来，这有点失控。我们已经看到虚拟科学加上非常令人信服的计算机模拟正在成为当前的主流科学主题。因此，由于物理学的源头在于物理学家，他们肩负着让理论物理学回归现实的重任。

子空间

在说明将用于解析解的结果之前：如从虚拟数学空白空间范式，将介绍理论物理学家在过去和现在使用的几个子空间，如图 B.1 所示。

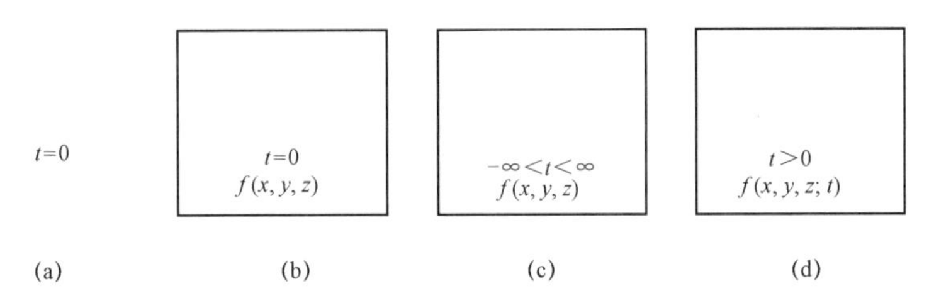

图 B.1　理论物理学家使用的子空间

（a）绝对空白空间；（b）虚拟数学空间；（c）牛顿空间；（d）时序空间

图 B.1（a）绝对空白的无时子空间中不存在坐标；图 B.1（b）虚拟子空间具有坐标，但它仍是空白并且无时的空间；图 B.1（c）牛顿子空间是具有坐标、非空间并且不依赖于时间的空间；图 B.1（d）Yu 的时原子空间是具有坐标、非空间并且依赖于时间的空间。

在图 B.1 中，我们看到绝对空的空间、数学虚拟空间、牛顿空间和时序子空间。绝对空的空间中没有物质、没有时间。数学虚拟空间是一个没有实体的空的空间，但是数学家可以假设其中有坐标，因为数学是一个虚拟空间。尽管这个虚拟数学空间自科学诞生以来就被科学家、理论物理学家和其他人广泛使用。但是，它是一个抽象空间，并不存在于我们的时序空间中。另一个子空间是牛顿空间，它包含物质和坐标，并将时间视为“独立”变量。牛顿空间实际上并不存在于我们的时序空间中，因为时间和物质在我们的时序宇宙中是相互共存的。最后一个子空间是时序子空间，其中时间和物质相互依存或共存。我们注意到：时间是一个前进的自变量，它以由光速的恒定速度流逝。应该强调，这个时序子空间是目前“唯一”能够在物理上可实现的空间，其中时序子空间是在爱因斯坦相对论的基础上通过当前的物理定律推导出来的。

物理事实是：任何偏离时序宇宙所施加的约束的解析解都不是物理上真实的解。但是，这绝不是说虚拟数学的空的空间和牛顿空间是无用的。相反，它们是物理学的基石，给了我们科学的智慧。从数学虚拟空间、牛顿空间到时间子空间，分别如图 B.1（b)、(c）和（d）所示。

然而，永恒（$t=0$）空间与时间独立变量的牛顿空间的含义存在差异。永恒空间意味着虚拟子空间的存在独立于时间之外（$t=0$），其中的时间不是变量；而牛顿空间意味着空间中存在任何时间，其中的时间是自变量。再次重申，时序子空间意味着：空间与时间共存，时间是一个恒定的前向变量，其速度已经由光速决定。

永恒（$t=0$）解

据我所知，理论物理学是建立在一个数学上的空子空间基础上的。在这个基础上，我们假设宇宙中的深空是绝对空的，其中不能有任何东西，这样时间也无法存在，因为时间和空间共存的。因为我们在深空中验证了引力场和电磁波的存在，这告诉我们宇宙中的深空不是空的。事实上，我们宇宙中的深空是时序的，充满着物质，其中一些物质超出了粒子状的极限。

然而，空的深空在理论科学中仍然难以解释。这给理论物理学带来了严重的问题，因为科学正向着更细微的粒子尺寸和更高层次的物理抽象发展，如薛定谔量子力学、粒子物理学和宇宙学。在一个多世纪的现代物理学中，我们“无意”地使用了相同的数学虚拟范式来求解，却不知道背景子空间（如一张白纸）是永恒的。实际上，我们所发展的所有科学定律都是从一个空的虚拟空间范式中产生的，这导致了物理方程是永恒的，下面将说明这一点。

首先说明什么是永恒物理定律，我们以现代物理学中最著名的两个方程：爱因斯坦质能方程和薛定谔方程为例。一个被来显示我们的时序宇宙是被创造的，另一个是用于当前高速互联网通信和计算的量子力学支柱。

爱因斯坦质能方程可表示为

$$E=mc^2 \tag{B.1}$$

式中：m 为静止质量；c 为光速。

薛定谔方程可表示为

$$\frac{\partial^2\psi}{\partial x^2}+\frac{8\pi^2 m}{h^2}(E-V)\psi=0 \tag{B.2}$$

式中，ψ 为薛定谔波函数（或本征函数）；m 为质量；E 为能量；V 为势能；h 为普朗克常量。

从这些方程可知，它们是永恒的，因为它们不是时域方程。此外，我们还发现这些方程是点奇异逼近的，它是无量纲的、没有坐标。

问题是，为什么这些方程是永恒的呢？显然，这些方程是从一个没有时间的虚拟子空间中数学推导出来的。因此，我们得知：实际上，科学的所有基本定律和原理都是在一张有方程式的草稿纸（或黑板）上发展起来的，如图 B.2 所示。

我们看到，图 B.2 中画了几个方程和一个原子模型。这是一个分析物理问题的典型例子，包括一张纸、一支铅笔、一个模型和数学推导。然而，如果我告诉你，从这个配置得到的解在数学上是正确的，但是在物理上却是“错误的”，你会相信我吗？这正是我将在本文中讨论的错误的部分。

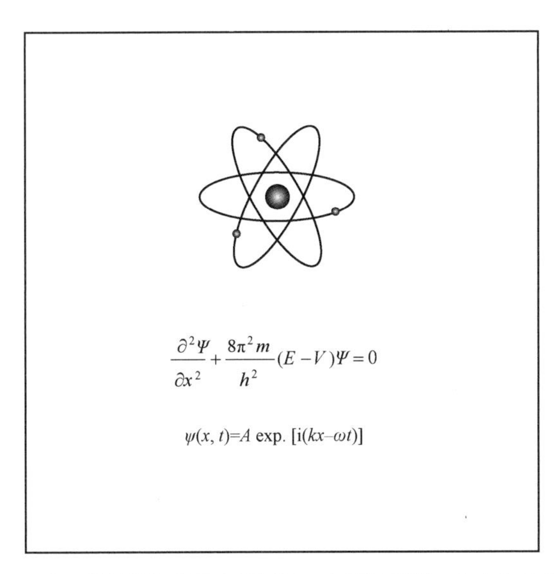

图 B.2 一张“草稿纸”的样本展示了一个原子模型，其中包含几个方程

因为我们未曾想过，这张草稿纸代表一个空的永恒空间。直到最近我们才发现它是一个虚拟的永恒子空间，而自科学诞生以来就一直在“不经意”地使用着它。我们已经看到，这是所有物理定律发展起来的子空间。我们还发现它不是一个真正的物理子空间，不应该在我们的时序宇宙中使用。另外，几乎所有的科学定律都是从这个虚拟的背景子空间中获得的——这个子空间在几个世纪前的科学诞生之初就已经被使用了。我们还在使用着它。

下面我将说明使用这个背景子空间已经出现的几个“不利”后果。正如我们所看到的，随着现代物理学进入亚原子物理抽象领域，在我们的时序宇宙中，永恒的解不能直接出现。

当我们承认我们的宇宙是一个时序子空间时，我们看到宇宙是一个时空相互依存的空间，如下面的符号所描述的：

$$f[r(t)],\ t>0,\ r=c\cdot t \qquad (B.3)$$

式中：r 为子空间的半径；c 为光速；$t>0$ 表示时间是以恒定速度向前移动的变量。

因此，我们认为任何数学解（或原理）都必须符合我们的普适边界条件：因果关系和维数。否则，解（或原理）不能直接应用于时序宇宙（解不存在）。

通过观察作为例子的式（B.1）和式（B.2），我们发现它们是无时间的方程。严格地说，它们不能直接在我们的时序宇宙中实现，除非这些方程可以适当地引入时间分量。例如，以永恒的爱因斯坦质能方程为例。如果方程被适当地转换成一个偏微分形式：

$$\frac{\partial E}{\partial t}=-C^2\frac{\partial m}{\partial t}=\nabla\cdot S,\ t>0 \qquad (B.4)$$

此时，我们看到这个方程已经从一个无时间的、无维度方程转变为一个时间相关的、具有空间表示的方程。其中能量对时间的偏导数 $\frac{\partial E}{\partial t}$ 是能量增加的速率，$\frac{\partial m}{\partial t}$ 表示相应的质量减少率，∇表示发散算符，“·”表示点积运算，$\boldsymbol{S}$ 表示能量矢量，$t>0$ 表示激发时间 $t=0$ 后时间作为前向变量。

根据式（B.4），一个无维度的、无时间的方程被转化为一个时间变量函数，可以直接应用于我们的时序宇宙中。因为式（B.4）不仅仅是符号表示，它也是一种描述。我们可以想象，转换后的能量随着时间的推移以光速发散到一个空间。我们的宇宙就是这样被创造出来的。在我们的时序宇宙中的“每个”子空间可以通过下面的表达描述；

$$\nabla\cdot\boldsymbol{S}=f[r(t)]=f[x(t),\ y(t),\ z(t)],\ t>0 \qquad (B.5)$$

式中：r 为球面子空间的半径；$[x(t),\ y(t),\ z(t)]$ 表示笛卡儿坐标系。

这里我们强调一下，时序子空间包括所有可能的物质，基本粒子也包含在内，因为它们可以称为时序粒子。粒子不是一个点，它是一个子空间。时序子空间也包含超出粒子极限的物质。

然而，式（B.5）可以进一步展开：

$$[\nabla \cdot S(\upsilon)] = -\frac{\partial}{\partial t}\left[\frac{1}{2}\varepsilon_0 \mathrm{E}^2(\upsilon) + \frac{1}{2}\mu_0 \mathrm{H}^2(\upsilon)\right], \quad t>0 \tag{B.6}$$

式中：ε_0，μ_0 表示自由空间内的介电常数和磁导率；E，H 分别表示电场矢量和磁场矢量；v 为电磁波的频率。

从式（B.6）中可以看到，我们宇宙的边界正在一个更大的深空中以光速扩展，它远远超出了我们现有技术所能观察到的范围，如图 B.3 所示。

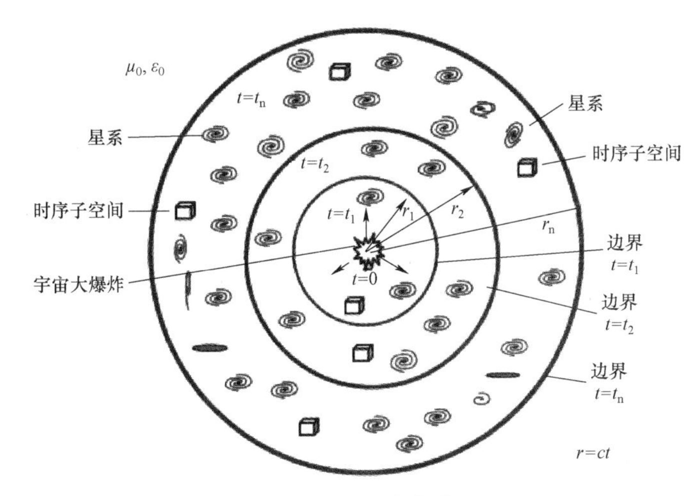

图 B.3　时序宇宙合成图

$r=ct$，r 为宇宙的半径；t 为时间；c 为光速；ε_0 和 μ_0 分别为深空中的介电常数和磁导率

由于电磁波的速度被 $1/[\varepsilon\mu]^{1/2}$ 所限制，我们得知我们的宇宙不是空的，它包括我们的宇宙边界以外的空间，否则我们的宇宙将“不是”一个有界子空间。非空宇宙空间是更大宇宙的一个有趣的部分，将在后面的大爆炸创生过程中简要讨论。

因为我们已经接受了宇宙的深空是非空的，我们的时序宇宙中的任何时间响应“不能”是即时的，它将在一定的时间延迟后响应。这是众所周知的因果关系条件，一个公认的科学原则。

此外，式（B.6）表明，时间和子空间在我们的宇宙中是相互共存的，时间和子空间是相互依赖的。也就是说，时间是与子空间存在相关的变量，空间是与时间相关的物质。在我们的宇宙中，时间就是空间，空间就是时间。因此，可以将一个无时间方程转换为一个时域或时序（$t>0$）方程以符合我们宇宙的因果关系条件。

图 B.4 显示了一个无时间限制的时域解，可以对它进行转换，然后重新生成一个时间域（$t>0$）的解。其中，我们假设傅里叶域解 $f(\omega)$ 如图 B.4（a）所示，其

中 ω 为角频率变量。它是一个永恒的方程（不是一个时域方程），因而不能在我们的时序宇宙中使用。简单地将 $f(\omega)$ 通过傅里叶逆变换为图 B.4（b）所示的时域解（$f(t)$），但是它仍然不是物理上可实现的解，因为 $f(t)$ 的一部分存在于负时域（$t<0$）中。现在，如果我们加上图 B.4（d）所示的负线性相位分布，其中 d 为任意常数，$f(\omega)$ 的傅里叶域函数如图 B.4（c）所示。然后，结合图 B.4（d）我们得到了［$f(\omega)\exp(-\mathrm{i}d\omega)$］。但是，这仍然不是一个时间域的解。如果这个复傅里叶域解通过傅里叶逆变换成 $f(t-d)$ 的时域方程，如图 B.4（f）所示，我们看到 $f(t-d)$ 只存在于正的时域内，并且它是一个时序解，可以应用于我们的时序子空间内，因为它满足我们宇宙的因果关系条件。

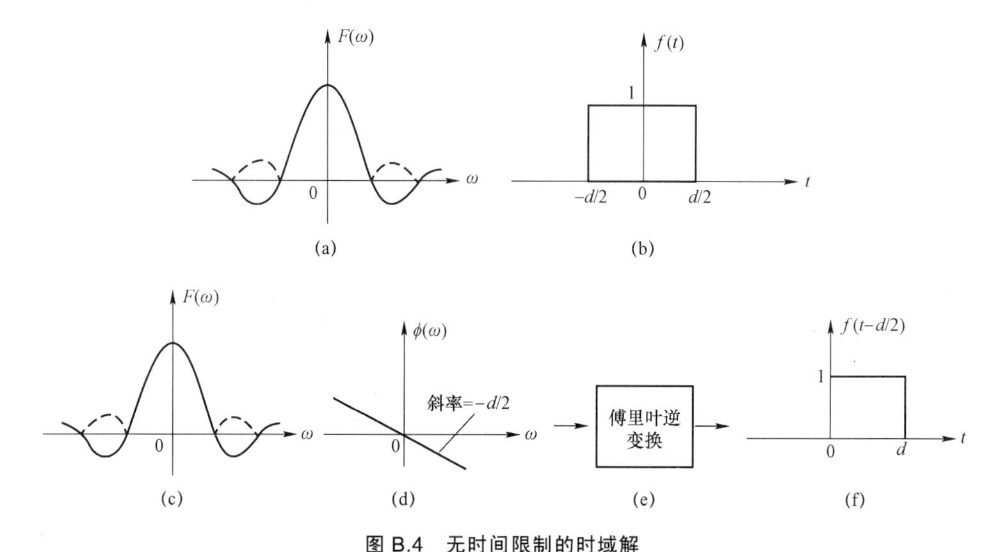

图 B.4　无时间限制的时域解

（a）傅里叶域解；（b）相应的时域解；（c）相同的傅里叶域解；（d）傅里叶域线性相位因子；（e）傅里叶逆变换过程；（f）能够存在的对应时域解（$t>0$））

我们已经证明了重新构造一个符合宇宙因果关系条件的时序解是可能的。但是，总有一个代价要付出（时间 d）。在这个代价中，通过在一个非物理可实现的时间域解中引入延迟，有可能使时间域解更具因果性（$t>0$）。这个例子也显示了一个重要的物理事实，即在我们的时间宇宙中，我们不能无中生有，总是要付出代价——能量和时间（ΔE 和 ΔT）。这意味着，我们的时序宇宙中的每个子空间做出响应都是在激发之后。换句话说，时序（$t>0$）空间表现为一个被动的时间依赖系统：它在激发后立即响应，既不是瞬间（$t=0$）响应，也不是提前响应（$t<0$）。

这个例子的本质告诉我们，原则上，我们可以将任意解转换为时域解。从那些华丽的数学（如希尔伯特空间、拓扑空间等）中得到的任何解析解，在原理上都可以先转化为一个时域解。然后，重新转变为一个时序解，从而满足我们宇宙的因果性条件。

实际上，所有的基本物理定律都是永恒的、采用奇点近似的。原则上，因果关系约束可以添加进这些定律：引入是一个前向的时间变量。下面给出了一组受 $t>0$ 约束的著名物理定律的表达式：

$$\nabla\times E=-\frac{\partial B}{\partial t},t>0 \tag{B.7}$$

$$\nabla\times B=\mu_0 J+\mu_0\varepsilon_0\frac{\partial E}{\partial t},t>0 \tag{B.8}$$

$$\frac{\partial\varepsilon}{\partial t}=-c^2\frac{\partial m}{\partial t},t>0 \tag{B.9}$$

$$\psi(x,\ t)=\exp[\mathrm{i}(kx-\omega t)],\ t>0 \tag{B.10}$$

这些方程的解都受到因果关系的约束。通过重新配置它们的解以符合我们宇宙的因果关系条件，所有的解都可以应用于我们的宇宙。例如，如果没有因果关系约束，尽管式（B.10）的波动方程的解是时域解，但是它不是应用于我们宇宙的物理的、可实现的时域解。当 $t>0$ 时，其解可以近似地表示为

$$\psi[(t-t_0)=\exp[-\alpha(t-t_0)^2\cos[\omega(t)],\ t-t_0>0 \tag{B.11}$$

只要满足 $t-t_0>0$（t_0 为一个时间延迟因子），那么波动方程就存在于正的时域中。

虚拟范式

科学是以不同层次的物理抽象为基础的，其中理论物理学的基础是由数学和物理可实现的范式作为支撑。早在发现引力场、牛顿力学、统计力学、电磁场、相对论理论、粒子物理学和量子力学之前，物理学家发现的每一个层面都是建立在假定的物理可实现范式之上的。其中它们的分析解被假设为物理真实的，具有高度的确定性。

但是，随着科学的进步，对更明确的物理范式的需求是必要的。事实是，我们“不经意间”过度关注并持续使用一个旧的虚拟子空间，而这个子空间对于复杂的现代物理学来说已经不可行了。尽管，出现的非理性和虚构的解决方案已经向我们指出我们的解有问题，但是雄心壮志和幻想驱使我们迅速取得成功——因为理论分析一直都是现代物理学的核心。因此，我们忽视了理论分析的错误之处。理论分析的问题是：用复杂的抽象数学代替物理现实，无意或故意不去发现他们的非理性解中存在的问题，即所谓的幽灵解。

下面介绍几个典型的例子，不加引证，因为很多证据很难列举出参考文献。我们可以在各种科学期刊、YouTube 链接上、著名大学和国家研究院的理论物理学家

（其中包括一些诺贝尔物理学奖获得者）发布的各种社交媒体上找到这些材料。

大爆炸假说

尽管宇宙大爆炸产生是一个公认的假设，我们认为它是从图 B.5（a）所示的空的空间内的奇点爆炸开始的。

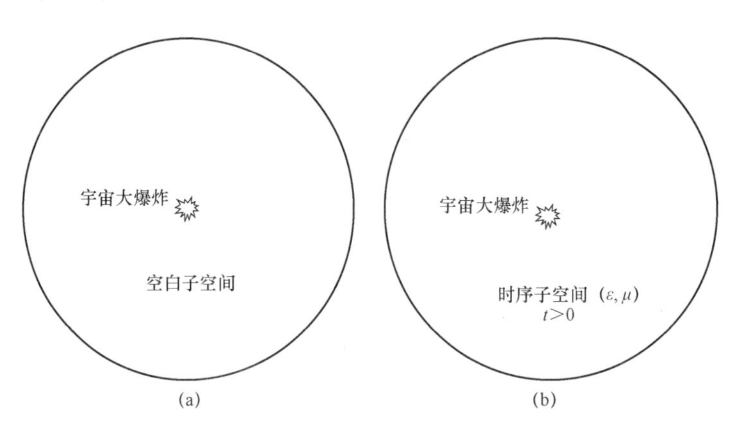

图 B.5　宇宙大爆炸示意图

（a）一个大爆炸开始于一个空的空间，它是普遍接受的范式；

（b）一个时间（$t>0$）子空间内的大爆炸（$(\varepsilon,\ \mu)$ 表示空间中已经有物质）

由于空的空间中不能有非空子空间，我们看到图 B.5（a）是“非”物理可实现模型。严格地说，任何如图 B.5（a）的非物理可实现的范例都不应该使用，否则可能出现不现实的虚拟解，如循环宇宙创建、单一宇宙理论等。因为理论物理学家做的是数学工作，实际上他们可以创造任何他们想要的范式，只要它不违反数学公理。但是，如果范式不是一个物理上可实现的模型，那么它们的解将“不太可能”是物理上真实的。

除此之外，几乎所有的物理学基础分析都是用一个虚拟的空的空间（一张草稿纸作为背景）解决的。这正是非理性和虚构的解出现的地方。为此我们看到：出现了许多幻想的非理性解，如时间旅行、循环宇宙等。在那里，我们发现他们使用的大爆炸假说不是一个物理上可实现的范式，任何解或猜想都来源于大爆炸假说。图 B.5（a）偏离了物理现实，它是虚拟的和虚构的，因为它采用了与时间无关的宇宙。

一方面，从物理学的观点来看，如果我们像宇宙学家那样，强迫爆炸发生在一个空的空间内，那么电磁辐射的速度将是无穷大的。根据电磁波的速度公式，有

$$v=1/(\varepsilon\mu)^{1/2} \tag{B.12}$$

式中，ε，μ 分别为介电常数和磁导率。

在一个空的空间里，我们看到：$\varepsilon=0$ 和 $\mu=0$。

另一方面，如果大爆炸产生的解位于时序空间内，如图 B.5（b）所示，我们看到大爆炸开始于一个非空的子空间，其中时间已经与子空间内的介质共存。由于时间与物质共存，我们很容易想道：时间相关的介质，如介电常数 ε 和磁导率 μ 以及可能的其他介质，在大爆炸之前已经存在于那里。换句话说，在我们的宇宙诞生之前，一个更大的宇宙早已存在。否则，巨大爆炸所产生的辐射能量是无法控制的。我们看到，我们的宇宙是一个“有界”的时序子空间，根据我们目前的物理定律，它的边界正在以光速扩展。根据图 B.3 所示的宇宙合成图，我们发现预测的宇宙边界与哈勃空间望远镜的观测结果是一致的。

永恒的量子世界

现代物理学中最重要的两个支柱是爱因斯坦的相对论和薛定谔量子力学，其中前者适用于宏观物体，后者适用于微观粒子。然而，它们可以通过海森堡不确定性原理相互联系。我们已经证明，在我们的时序宇宙中的每个子空间都受到能量 ΔE 和时间间隔 Δt 的限制。能量和时间的单元（ΔE，Δt）等于海森堡不确定性原理的量子单元：

$$\Delta E \cdot \Delta t = h \tag{B.13}$$

式中：h 为普朗克常量。

因此，每个量子单元都等价于一个信息单元，如 Gabor 在 1946 年所定义的。换句话说，这个信息单元告诉我们，每一个信息都需要一定的能量 ΔE 和一段时间 Δt 来产生、传输、存储和销毁，并且它是“非”免费的（就 ΔE 和 Δt 而言）。换句话说，在我们的宇宙中，一切事物都有一个价格标签，即 ΔE 和 Δt。

因为薛定谔量子力学是在一个永恒的子空间内构建的，对于这个子空间，他的整个量子世界是永恒的，其原因是他的量子力学是建立在一个玻尔原子模型的基础上的，而这个模型嵌入在一个空的空间（如草稿纸）中，他“不经意”地假设它是物理真实的。这是我们所有人，无论过去还是现在，都犯过的“相同错误”：使用一张草稿上的范式，却不知道它实际上代表了一个永恒的子空间。

图 B.6（a）显示物理玻尔模型嵌入在一个虚拟的空的空间中，正如我所假设的，薛定谔建立他的量子力学。正如我们已经知道的那样，物理模型（玻尔原子）不能放置于虚拟的空的子空间中，除非是数学家和薛定谔，因为薛定谔也是一位非常优秀的数学家。我真诚地“相信”他没有意识到一张草稿纸背景代表着一个空的子空间，否则他早就会发现他的机制的永恒性。这就是我最近“偶然”发现的原因，薛定谔量子世界是永恒的，因为我不是物理学家。

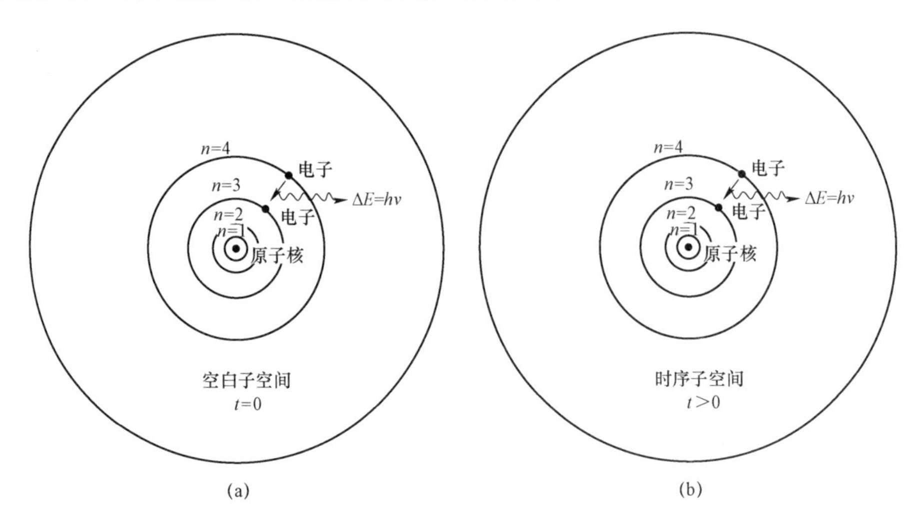

图 B.6　物理可实现范式

（a）位于空的空间内的玻尔原子，这不是物理可实现模型；

（b）位于时序子空间内的玻尔原子，这是一个物理可实现模型

因为理论物理是数学，所有的物理定律实际上都是由它们发展起来的。其中我们看到：物理需要数学，但是，数学并不等同于物理，除非它的解符合我们宇宙的物理可实现条件——因果关系和维度。

然而问题仍然存在：为什么一个永恒的量子力学能够产生适用于我们宇宙的解？正如前面所介绍的，无时间解也可以使用，但是，不能直接应用于我们的宇宙，如前面所述的爱因斯坦的无时间能量方程。因此，只要任何解析解或原理不是“直接”面对时序因果关系问题，它就可以应用我们的时序空间。例如，叠加的基本原理是永恒的，正如下面将要说明的，它“不能”直接应用于我们的时序宇宙中，因为这个原理直接面对我们宇宙中的因果关系条件。

随着科学的进步，在时间和空间上变得更加复杂和精确（ΔE，Δt），对于解决方案的“精确性”和“可靠性”的要求变得更加严格。由于空的子空间在过去和现在都是有用的，尽管出现了虚拟解，但是我们并没有遇到任何主流的反对意见。对此，我们毫不犹豫地理所当然地认为：解在物理上是真实的。我们中的一些人声称，微观环境中的粒子动力学与宏观空间是不同的。类似于这个悖论，1935 年以来，在哥本哈根论坛上，爱因斯坦、玻尔、薛定谔等人就一直在讨论薛定谔猫，而半条命的猫的悖论在一些物理学家的心目中仍然是一个神话。直到今天，人们都把这个悖论当作是真实存在的。既然我们相信薛定谔悖论是真的，那么他的叠加就是真实的。所有从他的基本原理中得出的预言都必须是真实的。

然而，如果薛定谔改变了他的假设，观察是由一组不互相交流的观察者完成的，而不是由一个单一的观察者。每一个观察者在首先观察完后都要关闭盒子；然后交

给下一个观察者，那么猫的命运是什么？它的基本原理需要崩溃多少次？如果他仔细考虑过他的假设，85 年后我们就不会对他的猫进行辩论了。

为什么我们忽视永恒的子空间范式问题是非常“自然”的，因为我们都是人类，都不完美。很简单，每一个理论分析都需要一个范例，把一些数学知识写在一张或几张草稿纸上，以便仔细评估解。我们“不经意”地认为背景空间是空的，而且我们从来没有想过背景代表了一个虚拟的、空的空间。这正是薛定谔量子世界是永恒的原因。

从一张纸（或一块黑板）的背景看，由于过去和现在都使用过空的空间，这一定是虚拟的空的子空间早在科学发展之初就被使用的主要原因。这正是玻尔原子模型嵌入的空的子空间导致薛定谔量子力学是永恒的,其中包括薛定谔叠加基本原理。

由于我们认为薛定谔的量子世界是物理上真实的，难怪量子物理的行为奇怪而不合理，就像爱丽丝在一个永恒的土地上。例如，在量子计算和通信中应用“瞬时和同时”叠加原理；这类似于邀请一个永恒的天使为我们在时序仙境中工作。

然而，建立一个类似于薛定谔所建立的“时序”量子力学是有可能的。取而代之的是，这套新的量子力学是用玻尔原子构建的，而且玻尔原子嵌入在时序子空间中，如图 B.6（b）所示。我们看到，从这个物理可实现的范例中出现的任何分析解都是时序的。

因为物理学定律是近似的，而数学是确定的公理。量子力学的永恒（$t=0$）解可以重新推导，使之成为时序解。例如，让我们利文献[17]中给出的波动方程：

$$\psi(x, t)=\exp[\mathrm{i}(kx-\omega \mathrm{t})] \tag{B.14}$$

式中：k 为波数；ω 为角频率；x 为空间坐标；t 为时间变量。

我们看到它是一个“非”物理可实现的解决方案，不可以用于我们的宇宙，因为这个方程也存在于负时间域（$t<0$）。

然而，通过将前面的方程重新改写为因果关系（$t>0$）条件下的，可以显示重新改写的波动方程为：

$$\psi[(t-t_0)=\exp[-\alpha(t-t_0)^2 \cos\omega(t)],\ t-t_0>0 \tag{B.15}$$

重新改写的方程是一个时序解，可以直接应用于我们的时序宇宙中。其中 α 是任意常数，t_0 是时间延迟因子。

注意到，如果一个人在一个永恒的量子世界中寻找一个新粒子，那么“很可能”新发现的（解析的）粒子是永恒的。因为物理粒子也是我们宇宙中的子空间，无论它多么小，粒子实际上是一个时序粒子，否则粒子不能在我们的时序宇宙中存在。如果“坚持”认为一个永恒的粒子可以存在于我们的宇宙中，它等同于在我们的宇宙中搜索一个永恒天使。

颗粒宇宙

从粒子物理学的角度来看，我们宇宙中的每一种物质都是由粒子构成的，我们的宇宙是由粒子构成的。我们可以预见的是：宇宙是颗粒状的，而不是光滑和连续的。从粒子物理学家的观点来看，这是一个非常有说服力的论点：我们的宇宙不是连续的、平滑的，也不是时间。

但是，在我们的时间宇宙中，时间就是距离，距离就是时间。要有一个颗粒状的宇宙，粒子之间的空间应该是空的。但是，无论时间多么小，粒子都是时序的；在时间空间内，空域不能共存。粒子之间应该有物质。这恰恰是我们已经知道的，在整个宇宙中存在着物质，超过了粒子的极限。否则，引力场、电场、磁场以及电磁波不能在我们的宇宙中存在或传播。有了这些物理证据，我们看到在粒子物理学之外还有一个新的物理学分支在等待我们去探索。物理的“微观极限”不应该受到粒子物理的限制。由于粒子（子空间）和时间共存，所有的粒子都同时存在，除非它们之间存在一个基于爱因斯坦相对论的“相对论时间”。时间并不像粒子物理学家预测的那样是颗粒状的。当我们接受粒子（子空间）和时间共存时，宇宙中的每一个粒子都有相同的时间实例和相同的时间速度，但是粒子之间有一个相对论时间。例如，对于离我们的宇宙边界较近的粒子，它们的时间移动“相对”快于离我们的宇宙中心较近的粒子。其中，我们看到：时间是一个因变量，与粒子本身一样平滑连续，因为时间和粒子是“相互共存的”。

对称原理

自现代物理学诞生以来，理论物理就利用对称性原理寻找新粒子。从数学上讲，这些粒子被拍摄到的特性是存在的，但是它们是从抽象的分析角度出发的。正如我们已经证明了，我们的宇宙是建立在当前的物理定律和时间法则的基础上的，宇宙中的每个子空间都是时序子空间、每个子空间（无论有多小）都是非空的，并且与时间共存。我们已经看到，时间是物质存在的“相关变量”，它以光速的恒定速度运动。这解释了我们的宇宙是如何被创造，基于爱因斯坦相对论，它是一个更大的宇宙（仍有待发现）中不断以光速膨胀的子空间。目前，时序宇宙范式是“最好”的模型之一，在这个模型中，每一个存在的物理现实都必须符合我们时序宇宙中的因果关系和维度，否则它就是虚拟的、不存在于我们的宇宙中。然而，当科学的复杂性和抽象性发展到更高层次时，物理定律或范式被打破了。

由于物理学依赖于物理现实，纸上推导出的假设或解“很可能”不满足因果关系或者我们宇宙的维数，因此不存在于我们（时间）宇宙中。于是，我们从时序宇宙的角度讨论科学的对称原理，因为任何物理原理的存在都必须遵循我们宇宙的物理定律。

正如之前提到的，理论物理学是数学，其中理论物理学家一直在使用一个虚拟子空间，而这个虚拟子空间并不存在于我们的时间宇宙中。其中，它们的对称原理是基于虚拟子空间假设，这样时间就被视为类似于牛顿空间中的“独立”变量。这正是科学的对称原理，表现为一种镜像感知，如在正负对称或者群论中的群。例如，正时间对应负时间，正能量对应负能量，物质对应反物质等。事实上，这些猜想是从数学或牛顿空间的观点推导出来的，它们不存在于我们的时序宇宙中，特别是当它在我们的宇宙中与因果关系紧密相关时。

在我看来，理论物理学家在一个虚拟空间而不是在一个物理上真实的空间（时序空间）中寻找物质。在一个与时间无关的空间里，他们很“不可能”找到他们想要找到的物质，而这个空间并不存在于我们的宇宙中。正如我们已经证明的那样，我们的时序子空间与牛顿空间不同，牛顿空间不能是我们的时序宇宙中的一个子空间。再次强调：这与数学有多严谨无关，而是用来获得解的范式需要是物理可实现的，因为理论物理是“应用”数学。

从我们的时序子空间来看，时间和空间是共存的，物质（子空间）就是时间，时间就是物质。没有时间我们就没有物质，没有物质就没有时间。其中，我们看到一个关于时变空间（时序宇宙）的“非对称”性质。它是永恒与时序的对立（无时间与时间的对立）。因此，我们宇宙的非对称性质是：无能量与能量的对立，无物质与物质的对立，空与非空的对立等。因此，当我们在采用公式寻找新粒子时，使用时序子空间范式更为合理，这样新发现的“分析粒子”将更“可能”存在于我们的时序宇宙中。

时空弯曲

正如我在我们的时序宇宙中所展示的，每个子空间都需要一定量的能量和一段时间来创造，它不是凭空生成的。时间就是子空间，子空间就是时间，时间是一个与空间“相关”的变量。因为我们对引力与时间的相互作用仍然只有一个模糊的概念——我们知道引力场是由物质产生的，而物质必须嵌入与时间共存的非空空间中。因此，认为时间是数学空子空间中的自变量的观点是“不正确的”，而我们常常持着这样的观点。我们很难接受弯曲时空动力学，因为它是建立在一个虚拟的数学空间上的，在这个空间里时间被当作一个独立变量。由于时间的速度是由光速决定的，因为我们的宇宙是由相对论中的大爆炸（一个公认的范例）创造的，我们已经证明了时间是一个因变量，而不是牛顿空间中的一个自变量，在那里时间旅行是可能的。

为了理解时间的时间子空间，让我提供一个物理设计证明时间存在的证据是物理现实，如时序子空间。我们人类在科学史上最重要的发明之一，它不是牛顿力学、爱因斯坦相对论或薛定谔量子力学的产物，而是图 B.7 所示的机械钟的发展产物。

(a)

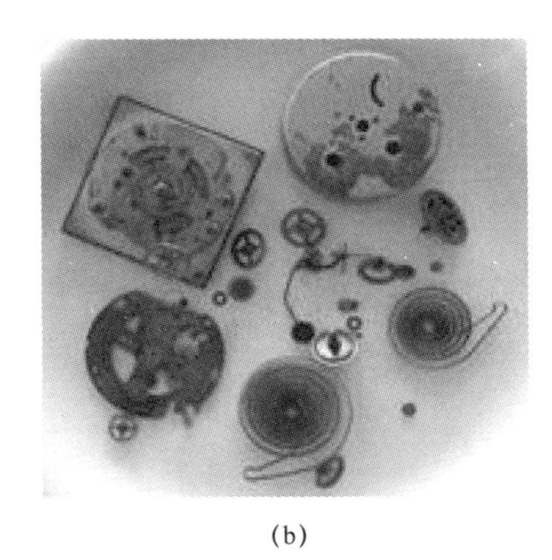

(b)

图 B.7　一个典型的机械时钟

（a）时钟的正面；（b）时钟的机械部分

这个设备可能是描述什么是时序子空间的绝佳例子——它可以类比为“行走”的时序子空间。例如，随着年龄的增长，每一秒的嘀嗒声与机械钟的“嘀嗒”声非常相似。相反，我们可以听到时钟的嘀嗒声，但是我们不能听到自己生命的“嘀嗒”声，因为随着每一个嘀嗒声我们都在变老。通过观察时钟的“嘀嗒”声，我们发现作为时间通道，整个时钟包括所有构建它的物质，随着时间的“嘀嗒”声而衰退。这个物理证据告诉我们：我们永远不能让时间回流——时间就是时钟（子空间），时钟就是时间。时间是一个因变量，在我们的宇宙中以恒定的速度运动。虽然爱因斯坦相对论认为时间可以“相对”减缓，但是时间自身并不能慢下来或者是静止。这就是为什么空间不能被时间弯曲的原因，因为时间是一个“相关变量”，时间和空间共存。我们也看到，时间是“物理真实的”，因为时间和子空间是共存的。通过观察子空间的变化，我们可以看到时间的变化。我们得知，时间当然“绝非”一些科学家所声称的幻觉。

熵与信息

除此之外，理论物理学家使用的数学虚拟空间范式是历史原因造成的；因为无意中使用了一个空的空间，如我在前几节所示。然而，理论物理学家在信息熵理论中遗漏了一些概念，我想指出它们。

信息论是由一群数学领域的工程师发展起来的，直到信息的定义与玻尔兹曼熵方程相联系，才被理论物理学家所理解。根据热力学第二定律，由于它们在定义上的相似性，分别由下式给出：

$$I = \log_2 N \quad \text{bit} \tag{B.16}$$

和

$$S = k \ln N \quad \text{J/K} \tag{B.17}$$

式中：k 为玻尔兹曼常数。

我们看到，信息和熵可以交换或互换，可用下面的符号表示；

$$I \leftrightarrow S \tag{B.18}$$

正是有了这个关系，信息论才得以应用到物理学中，因为熵在科学中是一个公认的量。

然而，前面的等式并不意味着熵的量（或以 bit 表示的等效信息量）就是信息。但是，要获得这些信息，必须付出的是以 bit 计（或 J/K 中熵的等价量）的“代价”。然而，许多理论物理学家把一定量的信息（如以 bit 为单位）或等效的熵量（如以 J/K 为单位）视为实际信息，因为熵和信息可以交换。例如，一位信息等于 $k \ln 2$ J/K，它不代表信息，它是以熵的形式表示的获得信息的代价。

例如，一位世界闻名的宇宙学家（请原谅我没有引用他的名字，但你可以猜到）曾说过，如果一本书被扔进黑洞，由于熵守恒，他假设信息“不能”被破坏。他进一步指出，本书的信息最终将以（0，1）数字编码信息来表示，这些信息散布在黑洞周围的表面。许多物理学家毫不犹豫地相信他，仅仅因为他是一位非常著名的科学家。

我的一个问题是：为什么信息必须用二进制形式编码？由于数字编码是最可靠的编码系统之一，它可以从噪声干扰中恢复，但是同时数字编码是最“低效”的编码系统之一，它需要更长的传输时间，也需要更大的存储空间。我的一个评论是：信息可以被“破坏”，但熵可能不会被“破坏”。

例如，一本包含 1 000 bit 信息内容（代价）的书，这意味着可能有 21 000 本（我们的账户上有一个巨大的数字）相同的书有着相同的这 1 000 bit 信息。也有许多其他具有相同比特的信息，但它不是这本书。一个苹果值 1 美元（相当于 1.25 欧元），假设代价与橙子相同。1.25 欧元的代价不一定能给你一个你想要的苹果，可能会给你一盒面巾纸，它也值 1 美元。

如上所述，在我们的时序宇宙中，叠加的基本原理不存在、也不可能存在。因此，用于量子计算和通信的“瞬时和同时”存在的多量子态是“不会”发生的。正如前面所讨论的，基本叠加原理的失败是由于它建立于薛定谔量子力学的永恒子空间上。

将量子纠缠应用到通信中有一点很有趣：在我们看来，这忽略了信息传输的本质。为了“有效”地传输信息，发送者（信息源）提供源的最高信息容量（等概率状态）。例如，发送者提供的组合信号越是等概率或“不确定”，则发送信号的信息容量越高。例如，信息源（发送者）提供的信息内容由下式表示：

$$I=-\log_2 p(a_i) \tag{B.19}$$

式中，$p(a_i)$为来自源（发送方）提供的集合 $a=\{a_i\}$（$i=1, 2, \cdots, N$）的事件的概率。

从该集合中我们看到，源提供的最大信息容量对应着 $p=1/N$（等概率状态）。

对于二进制信息源（0，1），$N=2$ 为二进制源能提供的最大熵编码，则

$$I=-\log_2 p(1/2)=1\ \text{bit} \tag{B.20}$$

其中，二进制源信息是单位时间 Δt 传输的“最低”信息容量。然而，使用二进制数字传输的主要优点是抗噪声，从而可以消除受损的数字信号（如由噪声引起的），因为数字信号可以重复。例如，一张光盘（CD）可以复制几千次，而最后一次的复制和原始复制一样好，但是磁带则报废了。

具有讽刺意味的是，在我们的时序宇宙中，总是要付出代价，付出一定的能量和时间（ΔE 和 Δt）。使用二进制（0、1）需要更长的传输时间。对于数字存储设备来说也是如此，因为空间就是时间，时间就是空间，所以数字编码信息需要更大的存储空间。

但是，对于一些理论物理学家来说，数字表示有一个不同的概念。例如，信息在黑洞周围的球体上以数字方式传播，他们一定把熵的数看作实际信息，而不是代价。我们已经证明，信息是可以被破坏的，但是熵可能不会被破坏。

通信中的另一个方面是信息传输的“可靠”，对于这种传输，信息可以高度的确定性到达接收器。我们从信息论中得到两个关键方程：“无源加性噪声信道”的互信息可用下式表示：

$$I(A;B)=H(A)-H(A/B) \tag{B.21}$$

$$I(A;\mathrm{B})=H(B)-H(B/A) \tag{B.22}$$

式中：$H(A)$为发送方提供的信息；$H(A/B)$为由于噪声而通过传输造成的信息丢失（或模糊）；$H(B)$为接收方接收到的信息；$H(B/A)$为信道的噪声熵。

然而，式（B.21）和式（B.22）之间有一个基本的区别：一个用于将“可靠的”信息传输到接收器；另一个用于从源（发送者）处“可检索的”信息。虽然这两个公式都表示发送者和接收者之间的互信息，但是式（B.21）是发送者提供可靠的传输策略，而式（B.22）是接收者在处理已经接收到的信息方面发挥积极作用。其中，对于“可靠的”信息传输，我们看到在发送端增加信噪比（ΔE）。而对于“可检索”的信息传输；是指在接收到被噪声破坏的信息后恢复。换言之：一种是确保信息在

“发送前”到达接收器；另一种是在“接收后”检索信息。

在通信理论中，我们基本上有两种传播策略：维纳类型和香农类型。它们之间有一个主要的区别。维纳的通信策略是，如果信息通过传输被破坏，它可以在接收端恢复，但是要付出“代价”，这主要是在接收端。虽然香农的通信策略通过在发送信息之前对其进行编码而进一步推进，使得信息可以更“可靠”地发送，也具有“代价”，但是它主要是在发送端。鉴于维纳和香农信息传输策略，式（B.21）的互信息传输是香农类型，式（B.22）的互信息传输是维纳类型。其中，“可靠”的信息传输基本上是由发送者控制的；它是将信道的噪声熵 $H(A/B)$（或模糊）“最小化”，下面用衰减表达式表示：

$$I(A;B) \approx H(A) \qquad \text{(B.23)}$$

一个简单的方法是增加信噪比，同时增加信号能量的“代价”（ΔE）。

另外，恢复发送的信息是“最大化”$H(B/A)$（信道噪声）。由于接收端的熵 $H(B)$ 大于发送端的熵，即 $H(B)>H(A)$，则

$$I(A;B) = H(B) - H(B/A) \approx H(A) \qquad \text{(B.24)}$$

式（B.24）从本质上表明：信息在接收到后可以“恢复”，这同样是有代价的（ΔE 和 Δt）。

考虑到式（B.23）和式（B.24），我们发现，使用维纳类型进行信息传输的成本远远高于香农类型——除了较高的能量成本外，它还需要一定的时间进行后期处理。因此，我们看到维纳通信策略对于“不合作”的发送者是有效的，如应用于雷达探测等。

另外，香农类型提供了一种更可靠的信息传输，通过简单地增加信噪比，使每一个比特的信息都能“可靠地”传输到接收器。

在前面的例子中，我们看到量子纠缠通信基本上是使用维纳通信策略，代价会高很多，效率也很低，如要进行后处理。而且，为了让接收端接收到的信息恢复更好而要求接收信号“更模糊”（不确定）是非常“不合逻辑的”。量子纠缠通信的效果，是从发送者的模棱两可的信息恢复出信息，而不是让发送者提供了更可靠的信息。其中，量子纠缠通信可以设计成维纳型的信息获取通信。然而，这不是香农可靠信息传输的目的。

数学与物理

从前面所有的证据来看，我们看到理论物理是数学。但是，数学不是物理，因为物理必须是物理上真实的，而不是像数学那样是虚拟的。换言之，从任何理论分析中得到的任何分析解都必须符合我们的时序宇宙的边界条件——因果关系和维

度。否则，它就如同数学一样是虚拟的。正如我们之前说过的：在数学中，在寻找解决方案之前，需要证明一个假设的前提是存在的。然而，在理论物理中，虽然理论物理是数学，但是在我看来它并没有这样的标准。既然现在我们有一个可用的标准，那么任何从理论分析中得到的解都必须“首先”证明存在于我们宇宙的边界条件中。否则，它就像数学一样是一个虚拟的解决方案。

然而，任何物理假设的“安全保障”是：任何物理范式首先都必须在我们的时序宇宙中都是物理上可实现的，以安全保障它的分析解是物理可实现的；然后通过“昂贵的”试验进行验证。任何物理分析范式都必须位于时序子空间内，这可能是目前最好的物理范式之一，因为它是一个时变子空间。否则，虚拟的解决方案将会出现，因为它已经在物理学界广为传播。然而，正如我们之前提到的，所有的物理定律、原理、悖论、理论以及范式都会被打破。而时序可能并不是最终的限制，因为科学发展到亚原子区域。由于每个子空间都需要用 ΔE 和 Δt 创建，对 ΔE 和 Δt 分辨率的要求将越来越高。

在讨论科学的起源时，不可避免地要讨论奇点逼近和奇点原理。有时，我们低估了前人的智慧。几乎所有的科学定律都是奇点近似的，否则在数学上不可能创造出一套“简单而优雅”的公式供我们欣赏和应用。然而，我们将首先使用奇点近似定律解释为经典的和确定性的、认为他们不知道这是近似定律的做法削弱了我们先辈的智慧；然后利用奇异性原理，利用奇异性逼近定律求出另一个奇异解。在我们看来，奇点解的最终结果是由两个奇点组成的近似结果。对此，除了非物理上存在的范式之外，这个解将更加偏离物理现实。

下面，用一个模型来说明这一点，这是我们已经使用了一个多世纪的玻尔原子模型，如图 B.8（a）所示。

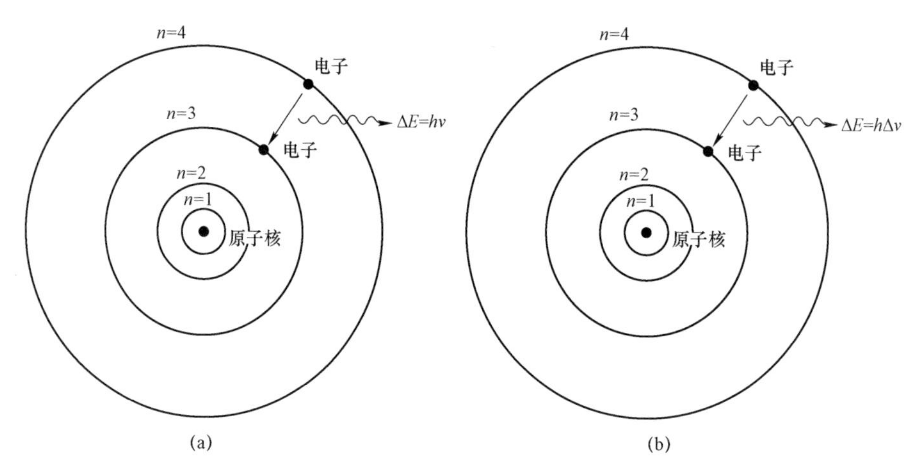

图 B.8　玻尔原子模型示意图

（a）传统的玻尔原子模型；（b）相同的玻尔模型，只是量子态能量用带限符号 $h\Delta v$ 表示

我们看到这是一个典型的奇点近似范式：没有坐标，没有维度，没有质量，整个玻尔原子都被当作点奇点对象。该模型提供的唯一可获得的信息是量子态能量 $h\upsilon$，而它也是一个奇点近似值，因为实际上每个量子态辐射都应该是有限带宽和有有限时间的，而υ不是。

虽然数学是熵的提供者，但是我们的问题是：薛定谔能从 $h\upsilon$提取多少额外的信息？抛开物理不可实现的模型问题，他实际上完成了量子物理学中无人完成的惊人任务。由于薛定谔所获得的所有可行信息都是基于量子态能量 $h\upsilon$，这种“奇点”带宽假设使他得出了他的永恒量子世界，这不是由于数学，而是由于“不经意”采用的背景子空间是一个空白子空间。但是，如果他把量子态能量 $h\upsilon$作为一种时间和带宽首先的辐射 $h\Delta\upsilon$，如图 B.8（b）所示，也可以发现其叠加基本原理的负面后果。其中，我们展示了使用奇点假设的本质：从奇点带宽（υ）到有限带宽（$\Delta\upsilon$）以及从时间无关到时间相关变量的微小变化可以极大地改变最终解，因为量子力学是数学。

永恒而短暂

重要的不是数学推导有多么严谨，而是所用范式的物理可靠性。让我们通过一个模拟分析展示当一个永恒的小波（或粒子）叠加进入一个时序子空间时的动态行为。为了简单起见，假设有两个受时间限制的量子态小波（或两个粒子），它们位于一个级联的永恒空间，其输出位于一个时序子空间中进行分析，如图 B.9 所示。

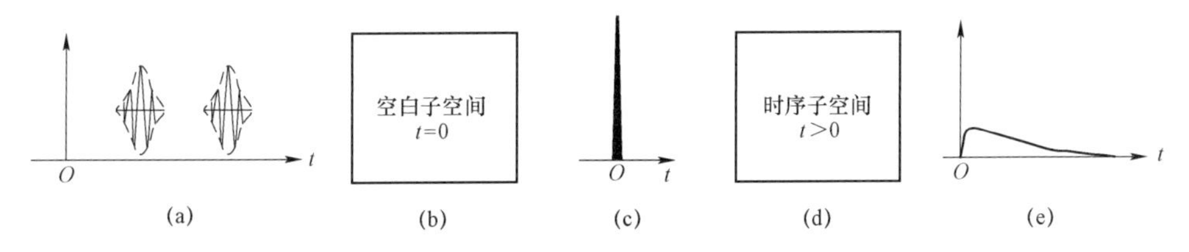

图 B.9 在时序空间内进行永恒叠加的系统模拟

（a）一组受时间限制的小波（或粒子）；（b）永恒空间（空白子空间）；

（c）永恒空间的输出响应（在 $t=0$ 时相互叠加，发生坍塌）；（d）时序子空间；

（e）时序子空间的对应响应（我们看到通过输出无法分辨出原来的两个输入）

图 B.9（a）所示的两个受带宽限制的小波（或粒子）在图 B.9（b）的空白子空间中进行叠加，图 B.8（c）由于空白子空间是永恒的，输入小波（或粒子）在 $t=0$（永恒空间）处的输出响应发生塌陷。这展示了空的空间对粒子的作用，除了它不是一个物理上可实现的范例之外——物理物质不可能存在于一个永恒的（$t=0$）空间中。

然而，一个空的空间内的所有响应在 $t=0$ 时崩溃，显示了叠加原理对粒子行为的作用。换句话说，在一个永恒的环境中，所有的事物都存在于 $t=0$ 处，所有的事物也可以在永恒子空间的任何地方“同时和立即”被发现。下面，进一步演示一个时序粒子在一个虚拟的空的子空间中的行为，尽管这在物理上是不可能的，但是数学家和理论物理学家们都可以做到。在虚拟空间中，物理学家可以假设在一个空白子空间中有一个虚拟坐标系。但是，从时序的观点来看，距离就是时间，时间就是距离。粒子可以“同时和立即”存在于一个空的空间的任何地方，因为它没有“时间”（$t=0$）。这正是叠加原理在薛定谔量子力学中所起的作用，尽管将物质放置于空白子空间是“物理上不可实现的”，因为物质和空白子空间不能共存。

现在，如果我们进一步将这个永恒的响应放置于到图 B.8（d）的时序子空间中，那么在时序空间中的响应如图 B.8（e）所示，可以看到响应“没有”保留原始小波（或粒子）特性的“迹象”。我们已经证明，叠加原理不存在于时序子空间中。

理论物理学随着时间的推移而发展，现在是回答所提问题的时候了——现在的理论物理学家有什么“错误”？鉴于前面的证据事实，显然错误的部分“不是”数学上的，而在于分析解。由于数学不是由理论物理学家发明的，所以让我们进行所有分析的是一张或几张草稿纸上的空子空间。事实证明，一个背景子空间不是一个物理上可实现的子空间！我们从来没有想过，一张或几张用于分析的草稿纸会有如此广泛的影响！例如，科学的所有基本定律、原理、悖论等都是由几十页潦草的论文产生的。然而，那些潦草的文件也产生了许多虚拟和虚构的解，尽管是无意的。

虚拟的原理

叠加基本原理是薛定谔量子力学的核心，薛定谔量子力学又是量子引力、量子计算和量子纠缠通信等实际事物的量子优势的基础。

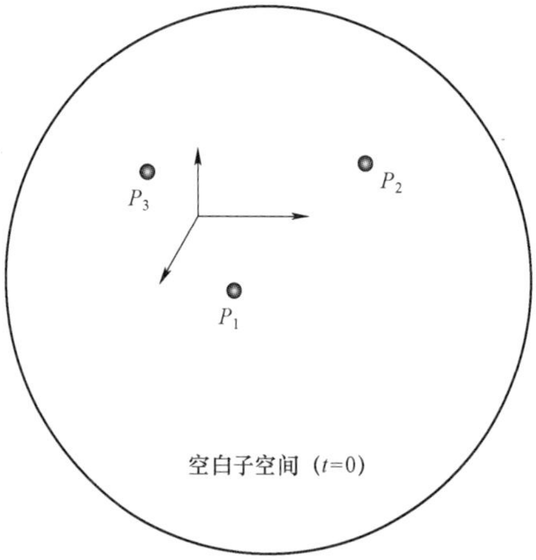

P_3 P_2 P_1

空白子空间（$t=0$）

图 B.10　位于不同位置的空白子空间中的三个分离的粒子（注意，这是一个虚拟的范例，因为物质不能存在于一个空的空间中）

然而，我的责任是用图形的方式展示，如图 B.10 所示，无时间叠加原理可以对粒子做什么。

让我从图 B.10 所示的虚拟的、空的空间中的三粒子场景开始，数学家或任何量子物理学家都可以创建这个场景，因为量子力学是数学的。

但是，物理实体和空的空间是互斥的，这个范式不是一个物理可实现的范式。所提出的粒子位于一个永恒的空间内，我们认为薛定谔曾使用的这个范式是虚拟的。我们强调，在我们的时序范围内，每种物质都是时序的，包括所有的粒子，无论其有多小。严格地说，所有的粒子都是“时序粒子”，奇异性和永恒性粒子假设只是为了在数学上“方便和简单”。

除了物理上不可实现的问题之外，量子力学还可以在空的空间中添加坐标系。如图 B.10 所示，我们可以看到量子力学中粒子的坐标位置。

因为在一个空的空间里，它是“没有时间”或永恒的。所有的粒子都会在 $t=0$ 时坍塌或“立即叠加”，因为时间就是距离，距离就是时间。虚拟坐标系在一个时空或牛顿空间里其实并不是真实的，因为牛顿空间把时间当作独立的变量。换言之，它假设一个“永恒的粒子”在“独立变量”式时间的时空或牛顿空间中活动。但是，在现实中，不管粒子有多小，它都是一个“时序粒子”。这正是叠加的基本原理，即所有粒子在 $t=0$ 时都是“瞬间”叠加的。

当我们用坐标来处理空的空间时，我们必须接受距离是时间，时间是距离，就像在时空或牛顿空间中一样。然后我们看到，在图 B.10 所示的虚拟的、空的空间中，每个粒子都可以“同时”和“瞬间”存在于空的空间中的任何地方，因为它是永恒的空间。这些就是薛定谔叠加基本原理的“瞬时”和“同时”现象。

因为叠加的基本原理是量子力学的“核心”，但是我们已经证明了它是一个永恒的原理，只存在于一个永恒的空的空间中。当物理学家们处理这个原理时，认为这个原理就存在于我们的时间宇宙中，这时量子世界的悖论就出现了，如薛定谔的半条命的猫。

当我们把叠加原理应用于宇宙中时，我们看到与永恒和时序问题直接对立。在这种情况下，使用一个永恒的原则类似于假装原则在一个时序环境中的行为是“永恒的”。撇开基本原理的时间问题不谈，一个更重要的问题是，永恒（$t=0$）粒子无法存在于时序空间中。这就像要求所有永恒的粒子在我们的时序宇宙中执行“同时”的奇妙计算和“瞬间”的通信。在我们看来，我们已经忘记了重要的一点——在我们的宇宙中，任何东西都有一个价码（ΔE 和 Δt），即使是量子计算和通信也不能例外。

最后，理论物理学家过去是、现在仍然是物理学基本定律的创造者，他们的“责任”是让科学回归到物理可实现性上来，否则我们将仍然被困在一个虚拟的、永恒的数学领域！

结　论

我们强调，解的关键不在于数学上有多严谨，而在于物理上可以实现。理论物理学使用惊人的数学分析和奇点范式，以及神奇的计算机动画，提供了非常令人印象深刻和令人信服的论点。但是，数学建模和计算机动画是虚拟的，其中许多解析解都不是物理上的真实。目前，理论物理学家的错误之处在于，他们使用了一种永恒的（$t=0$）范式进行分析。这种范式的解实际上并不存在于我们的时序（$t>0$）宇宙中。尽管我不是一个物理学家，但是我在这里挑选了一些典型但非常重要的证据进行反思。因为从科学开始时，人们就使用草稿纸进行分析，因而"不经意"地使用永恒的（$t=0$）范式，对于科学计算来说是很自然的。虽然它产生了许多优秀的结果，但是同时它也产生了许多虚构的解，这些解是永恒的（$t=0$），"不应该"用于我们的时序（$t>0$）宇宙。这里还提供了一些典型但非常重要的证据，说明理论物理学家对物理学的研究，其中包括过去和现在的一些世界闻名的理论科学家。由于理论物理学家曾经是而且"仍然"是基本定律和原理的创造者，他们的"责任"是回归到物理上可实现的科学；否则，我们仍将被困在一个虚拟的、永恒的（$t=0$）数学领域。

参考文献

[1] N. Bohr, "On the Constitution of Atoms and Molecules," Philos. Mag., vol. 26, no. 1, 1–23 (1913).

[2] E. Schrödinger, "Die gegenwärtige Situation in der Quantenmechanik (the Present Situation in Quantum Mechanics)," *Naturwissenschaften,* vol. 23, no. 48, 807–812 (1935).

[3] E. Schrödinger, "Probability Relations between Separated Systems," *Mathe-matical Proc. Cambridge Philos. Soc.*, vol. 32, no. 3, 446–452 (1936).

[4] R. P. Feynman, R. B. Leighton, and M. Sands, *The Feynman Lectures on Physics,* Addison Wesley, Cambridge, MA, 1970.

[5] F. T. S. Yu, "Time: The Enigma of Space," *Asian J. Phys.*,vol.26,no.3,149–158 (2017).

[6] F.T.S. Yu，"From Relativity to Discovery of Temporal（$t>0$）Universe"，*Origin of Temporal*（$t>0$）*Universe*：*Correcting with Relativity*，*Entropy*，*Communication*

and Quantum Mechanics, Chapter 1, CRC Press, New York, 1–26 (2019).

[7] A. Einstein, *Relativity, the Special and General Theory*, Crown Publishers, New York, 1961.

[8] O. Belkind, "Newton's Conceptual Argument for Absolute Space," *Int. Stud. Phil. Sci.,* vol. 21, no. 3, 271–293 (2007).

[9] F. T. S. Yu, *Entropy and Information Optics: Connecting Information and Time,* 2nd ed., CRC Press, Boca Raton, FL, 2017, 171–176.

[10] F. T. S. Yu, "A Temporal Quantum Mechanics," *Asian J. Phys.,* vol. 28, no. 1, 193–201 (2019).

[11] R. Zimmerman, *The Universe in a Mirror: The Saga of the Hubble Space Telescope*, Princeton Press, Princeton, NJ, 2016.

[12] W. Heisenberg, "Über den anschaulichen Inhalt der quantentheoretischen Kinematik und Mechanik," *Zeitschrift Für Physik*, vol. 43, no. 3–4, 172(1927).

[13] F. T. S. Yu, "Information Transmission with Quantum Limited Subspace," *Asian J. Phys.* vol. 27, 1–12 (2018).

[14] D. Gabor, "Theory of Communication," *J. Inst. Elect. Eng.,* vol. 93, 429 (1946).

[15] F. T. S. Yu, "Schrödinger's Cat and His Timeless (t=0) Quantum World", *Origin of Temporal (t>0) Universe: Correcting with Relativity, Entropy, Communication and Quantum Mechanics*, Chapter 5, CRC Press, New York, 81–97 (2019).

[16] L. D. Landau and E. M. Lifshitz, *Quantum Mechanics,* Pergamon Press, Oxford, 1958, 50–128.

[17] F. T. S. Yu, *Optics and Information Theory*, Wiley-Interscience, New York, 1976, p. 80.

[18] N. Wiener, *Cybernetics,* MIT Press, Cambridge, MA, 1948.

[19] N. Wiener, *Extrapolation, Interpolation, and Smoothing of Stationary Time Series,* MIT Press, Cambridge, MA, 1949.

[20] C. E. Shannon and W. Weaver, *The Mathematical Theory of Communication,* University of Illinois Press, Urbana, IL, 1949.